DELIUS KLASING

Europe

Ute und Rafael Mans

AUSBAUTIPPS FÜR DEINEN CAMPER

Van it Yourself!

Delius Klasing Verlag

Auf Reisen, aber trotzdem zu Hause

»Campen? Unbedingt, aber ein bisschen Komfort darf schon sein!« – So ähnlich dachten wir, als wir dem Zelturlaub »goodbye« sagten und uns einen Bulli mit Aufstelldach zulegten. Nach etlichen Jahren zu viert im Familienzelt auf harten Isomatten war es Zeit für ein gemütliches Zuhause auf Rädern. Aber vielen Campern geht es so, dass ihnen ein Wohnwagen oder Wohnmobil zu teuer und nicht individuell genug ausgestattet sind. Denn: Wie man sich sein Heim nach eigenen Wünschen und Bedürfnissen einrichtet, so möchte man auch den Camper kreativ gestalten.

Auf unseren Reisen begegneten wir dann immer öfter Bastlern, die sich Fahrzeuge als »mobile Ferienwohnung« selbst ausgebaut hatten. Mit überschaubaren Kosten, viel Eigeninitiative und individuellen Gestaltungsmöglichkeiten haben sie sich den Traum vom eigenen Campervan verwirklicht. Das fanden wir sehr spannend, und so entstand die Idee zu diesem Buch.

Es war für uns ein großartiges Abenteuer, bei den Fotoshootings und Interviews so viele aufgeschlossene Van-Besitzer mit ihren Campern kennenzulernen. Sehr interessant war es zu sehen, wie jeder Selbstausbauer einen eigenen Weg findet, den individuellen Traum-Van zu verwirklichen und individuelle Ausbauprobleme durch kreative Ideen zu lösen. Denn: Es gibt kein Ausbaukonzept, das zu jedem passt – verschiedene Fahrzeuge, Wünsche, Grundrisse und Materialien erfordern unterschiedlichste Ansätze und Ideen, die zu den eigenen Fähigkeiten und natürlich auch zum eigenen Geldbeutel passen müssen. Das macht den Van-Ausbau so spannend und abwechslungsreich!

Mit unserem Buch möchten wir Inspirationen und Ideen anbieten und verschiedene Ausbauten vorstellen: vom günstigen Caddy-Ausbau bis zum Mercedes Sprinter mit Duschkabine; vom einfachen, nachhaltigen Bulli ohne Wassersystem bis hin zum Luxus-Van mit Dachterrasse, Einbauofen, Minibar und Kinoleinwand. Bleibt kreativ und:

Van it Yourself!

Campertraum

TEIL ZEITCAMPER

Indiblu

Marke:	VW Crafter H2
Baujahr:	2016
Kilometerstand:	164.000 km
Fahrzeugkosten:	15.000 €
Ausbaukosten:	11.000 €
Location:	Berlin, Lübars

Eigentlich wollten Pia und Dennis auf Weltreise gehen. Alles war geplant, ein ganzes Jahr wollten sie verreisen, mit den Arbeitgebern waren schon Sabbaticals vereinbart. Doch dann kam alles ganz anders: Corona machte ihnen einen Strich durch die Rechnung – die große Reise war nicht möglich und das Berliner Paar musste die Pläne erst einmal auf Eis legen. Stattdessen nahmen sie sich aber gleich ein anderes spannendes Projekt vor: den Ausbau eines eigenen Campervans.

Da an beiden Seitentüren Platz zum Ein- und Aussteigen bleiben muss, entschieden sich Pia und Dennis für zwei verkürzte Küchenblöcke mit einer zusätzlichen Klapp-Arbeitsplatte. Die Möbel haben sie nicht komplett selbst konstruiert, sondern fertige Küchenblöcke und -Unterschränke von IKEA umgebaut und mit Bambus-Arbeitsplatten versehen.

Bei der Wahl des richtigen Fahrzeugs war ihnen wichtig, dass ihr Mobilheim nicht nur zu zweit nutzbar ist, sondern sie auch Freunde und Familie mit auf Reisen und Ausflüge nehmen können. Daher entschieden sie sich für einen VW Crafter H2 mit einer Höhe von 2,35 Metern, der hinten nicht nur Platz für eine ein- und ausbaubare Doppelsitzbank bietet, sondern für mehr Bewegungsfreiheit auch über zwei Schiebetüren verfügt. Das ist für ein Campingfahrzeug schon sehr ungewöhnlich – macht es aber nahezu unmöglich, hier ein Standard-Layout für den Innenausbau zu nutzen. Pia und Dennis mussten kreativ werden. Wie man sieht, ist ihnen das sehr gut gelungen!

Mit mehreren Unterbrechungen, in denen sie teilweise wochenlang nicht an ihrem Van arbeiten konnten, beschäftigte sie ihr Ausbau insgesamt ein Jahr. Für Grafikdesignerin Pia war die Arbeit mit den Händen ein schöner Ausgleich zur Arbeit am PC. Sie liebt es sehr, verschiedene Materialien zu verwenden und mit Holz zu arbeiten. Für den Wagen hat sie ein wunderschönes Farbkonzept aus olivfarbenen Möbeln, weißer Decke und Wänden, hellem Bambusholz und goldenen Elementen geschaffen.

Das feste Querbett ist mit nur 1,75 Meter zwar recht kurz, da Dennis aber ohnehin diagonal schläft, ist das für die beiden kein Problem. Die Leiter zum Bett ist ein umfunktioniertes Bambus-Blumenregal. Upcycling at its best. Bei der Deckenverkleidung haben Pia und Dennis es sich etwas einfacher gemacht: Hier nutzten sie fertige Deckenpaneele aus dem Baumarkt.

Eine eigene Minibar im Van ist schon sehr cool! Und dabei war sie gar nicht geplant, sondern ist während des Ausbaus mehr oder weniger zufällig entstanden: Auf der Vorderseite des Küchenblocks haben Pia und Dennis die Gasflasche für das Kochfeld untergebracht. Da sie schmaler ist als der Küchenblock, entstand ein ungenutzter Zwischenraum. Die 12 Zentimeter Platz reichten genau für ein Fach zum Verstauen von Mixer-Utensilien und Flaschen und für den nach vorne ausklappbaren Bar-Tisch. Cheers!

TIPP: Van it Yourself – sogar die Terrazzo-Kacheln sind selbstgemacht. Hierzu hat Pia zur Küche passende Farbtöne ausgewählt und die Terrazzomasse in Silikonformen zu Kacheln gegossen. Danach wurden die fertigen Kacheln geschliffen, lackiert und ganz normal gefliest. Sieht wunderschön aus!

Über dem Fahrerbereich haben Pia und Dennis viel Stauraum geschaffen. Dazu haben sie eine zweite Decke eingezogen, gefilzt und Klappen eingebaut. Auch hier fanden sie ungewöhnliche, günstige Materialien: Das schöne halbrund ausgesägte Inlay in den Schrankklappen ist mit einfachen Sushi-Matten aus dem Asialaden unterlegt – Kosten: 1 Euro! Die Matten wurden einfach von innen angetackert.

Die beiden Seitenwände haben Pia und Dennis nach dem Dämmen mit je einer großen Spanholzplatte verkleidet. Der Clou: Dahinter ist eine magnetische Metallplatte (Stärke: 3 mm) verklebt – so lassen sich Bilder und Postkarten mit starken Magneten anbringen und problemlos wieder entfernen. Die Seitenwand kann dann blitzschnell zur Leinwand für einen gemütlichen Van-Kinoabend mit Mini-Beamer umfunktioniert werden. Camp & watch.

TIPP: Auch für die kleinen Hängefächer hat Pia ungewöhnliches Material zweckentfremdet: »Wiener Geflecht« ist eigentlich ein Sitzgeflecht für Stühle. Der Boden der kleinen Regale ist mit einer kleinen Holzplatte verstärkt, die Seitenteile aus Geflecht wurden einfach angetackert. Diese hübschen Fächer waren komplett ungeplant und entstanden aus Resten vom Geflecht und Holz, die spontan verarbeitet wurden.

Mal ehrlich: Wenn man schon so eine großartige Mini Bar hat, braucht man auch einen gemütlichen Platz zum Chillen. Im Heck montierten Pia und Dennis auf dem Wagenboden einen Schwerlastauszug, der 200 Kilogramm tragen kann. Eine dicke Siebdruckplatte zum Ausziehen ergibt so ganz einfach ein bequemes Outdoor-Sofa. Über diesem Auszug wurde dann ein Podest mit unempfindlichen Griffblech-Platten als neuer Fahrzeugboden installiert.

Die Türverkleidungen der Seiten- und Hecktüren sind ein besonderes Highlight. Pia und Dennis haben alle Hohlräume in den Türen vor dem Filzen freigelegt, um sie als zusätzlichen Stauraum nutzen zu können. Um auch hier Bambusholz zu integrieren, haben sie eine simple Lösung gefunden: Günstige Holzbadematten aus Bambus wurden zweckentfremdet. Die beiden haben die Matten passend zurechtgesägt und mit Spanholzplatten verstärkt. Auch das Wiener Geflecht kommt hier wieder zum Einsatz. Individuell, einfach und günstig. Gewitzt: Die ehemalige Fensteraussparung ist passgenau mit zurechtgeschnittenem Schaumstoffpolster ausgefüllt und mit Haken versehen.

Nach dem Ausbau sind die beiden mit ihrem »Indiblu« gleich zum ersten großen Roadtrip aufgebrochen – ohne den neuen Camper vorher zu testen. Vier Monate ging es über Frankreich nach Spanien und Portugal, einmal um die iberische Halbinsel. Die ungewöhnliche Wagenwahl mit zwei Schiebetüren hat sich längst bewährt: Natürlich laden Pia und Dennis nun öfter auch Freunde zu ihren Ausflügen ein. Auf Reisen haben die beiden bei schlechtem Wetter aber auch schon mal drei Campervans direkt nebeneinandergestellt – mit ihrem Indiblu in der Mitte und offenen Schiebetüren entstand so ein Drei-Van-Riesenwohnzimmer für sie und zwei weitere Vanlife Paare!

VAN IT YOURSELF ** VAN IT YOURSELF ** DIY

Lochbrett

Ein Lochbrett ist ideal, um kleinere Gegenstände platzsparend unterzubringen. Will man es allerdings im Van nutzen, muss der ganze Krimskrams während der Fahrt vor dem Herunterfallen geschützt sein. Für unsere Variante benutzen wir daher Knöpfe oder Holzscheiben als Stopper sowie Haken und Gummibänder.

DAS MATERIAL

Holzbrett, 40 x 40 cm, z. B. Leimholz Fichte, Stärke 2 cm
Holzstab, Durchmesser 8 mm
Holzbohrer, 8 mm
Farbe/Holzöl
Gummibänder
Schleifgerät/Schleifpapier
Holzscheiben oder Knöpfe
Schraubhaken
Bohrschrauber
Säge

Das Brett auf die gewünschte Größe zurechtsägen. Je nach Verwendungsart und Platz im Van ist die Größe natürlich variabel, wir haben 40 x 40 cm gewählt. Als Variante kann man auf die gleiche Weise ein kleines Bord als Schlüsselhalter oder Garderobe basteln – hierzu würde man ein schmales Brett mit nur einer Reihe Löcher und Stäben versehen.

Löcher markieren: der Abstand von Loch zu Loch und zu den Bretträndern beträgt 5 cm.

Bohrlochtiefe checken. Entweder: das Brett komplett durchbohren – dann sieht man später die Wand des Vans durch Löcher, in denen keine Stäbe sind. Oder bei einer Brettdicke von 2 cm ca. 1 cm tief bohren. Dazu den Holzbohrer mit Klebeband bei 1 cm markieren.

Löcher mit dem Holzbohrer bohren. Brett schleifen, streichen oder ölen.

Stäbe auf 5 cm Länge sägen, schleifen, evtl. streichen oder ölen. Damit nichts während der Fahrt von den Stäben rutscht, Knöpfe auf die Enden kleben und Schraubhaken hineindrehen.

Stäbe in die Löcher stecken. Gummibänder durch die Löcher ziehen und auf der Rückseite verknoten, um z. B. Bilder, Postkarten oder Hefte festzuklemmen. Es lassen sich außerdem kleine Bretter als Miniregale auf die Stäbe kleben.

Björn

Marke:	VW Crafter L3 H2
Baujahr:	2016
Kilometerstand:	68.000 km
Fahrzeugkosten:	18.000 €
Ausbaukosten:	18.000 €
Location:	Weinberge bei Gemünden

Flo stammt aus einer echten Camper-Familie: Seit der Kindheit war er mit seinen Eltern jeden Urlaub im Wohnwagen unterwegs. So war es für ihn und seine Frau Judith eine naheliegende Idee, den alten Caravan der Eltern zu modernisieren, »aufzuhübschen« und umzubauen. Während der Planung dieses Projekts merkten Flo und Judith allerdings recht schnell, dass sie eigentlich doch lieber einen eigenen Camper haben möchten ... mit einem Van ist man einfach mobiler als mit einem Wohnwagen. Sie verabschiedeten sich also vom Caravan und wechselten zum Van-Projekt!

es dann mit dem Innenausbau losging, musste Licht im Innenraum geschaffen werden. »Björn« war fensterlos, sodass insgesamt fünf neue Öffnungen geschaffen wurden: zwei Heckfenster, eins in die Schiebetür, ein weiteres an der gegenüberliegenden Wand sowie ein Oberlicht.

Die Küche des Campers ist aufgeteilt in zwei gegenüberliegende Blöcke. An der Fensterseite haben Judith und Flo einen Gasherd mit zwei Kochfeldern und den Kühlschrank integriert, gegenüber, an der Beifahrerseite, die Spüle – alle Geräte sind in schickem Schwarz gehalten, das einen schönen farblichen Kontrast zu der Küchenarbeitsplatte bietet.

Ein passender VW Crafter war recht schnell gefunden. Schon bei der ersten Probefahrt tauften ihn die beiden auf seinen Van-Namen »Björn«. Für Fahrten mit Hund ist eine Klimaanlage auf jeden Fall ein Muss, und auch Stehhöhe war den beiden wichtig. Der Wagen sollte extra lang sein, da die beiden sich eine besondere Bettvariante ausgesucht hatten. »Björn« ist daher ein Crafter mit langem Radstand, ein L3.

Praktischerweise hat Judiths Vater eine komplette Holzwerkstatt mit dem nötigen Werkzeug im Haus. Hier konnten die beiden mit seiner Hilfe die Möbel tischlern, streichen und dann in den Van einbauen. Einer der ersten Schritte war allerdings die Installation einer Standheizung, damit sie den Van über den Winter ausbauen konnten. Bevor

Die Küchenarbeitsplatte und der Fensterrahmen sind aus Buchenholz. Flo hat damit den langweiligen Standard-Plastikrahmen des Einbaufensters elegant verkleidet.

In der Camper-Küche haben Flo und Judith echte Marmorfliesen auf die Holzverkleidung geklebt. Klingt einfacher als es ist: Marmor ist nur mit einem Diamantschneider zu schneiden. Die Verarbeitung war daher nicht einfach, hat sich aber gelohnt! So ist ein auffallendes, außergewöhnliches Verlegemuster entstanden.

Das schmale Ausziehregal haben Flo und Judith selbst entwickelt und gebaut – und sind zu Recht stolz darauf. Es bietet viel Stauraum, und sie können den schmalen Platz zwischen Hochschrank und Küchenzeile optimal nutzen.

TIPP: Sehr schön sind die Muster auf den Möbeln gelungen, die Flo und Judith aus Sperrholzresten gefertigt haben. Hierzu wurde das Holz in Streifen geschnitten, in verschiedenen Farbtönen gestrichen und auf die Möbel geklebt. Dieses Muster findet sich auch an den Hecktüren wieder, und sogar ihre Campingtoilette ist damit verziert.

TIPP: Den Kühlschrank haben die beiden mit Tafelfolie beklebt. Hier haben sich Flos Eltern künstlerisch betätigt: Flos Vater hat die schönen Holzfiguren gefertigt, seine Mutter die Tafel bemalt.

TIPP: Sehr schick ist die versenkte Beleuchtung. Dazu wurden Rillen ins Holz gefräst und darin dann LED-Streifen eingeklebt.

Judith und Flo haben beim Ausbau größtenteils die Holzart »Paulownia« verbaut, der gebräuchlichere Name ist »Kiri«: eine sehr leichte Holzart, die oft für Surf- und Kite-Bretter genutzt wird und im Caravan-, Modell- und Instrumentenbau Verwendung findet. Da es beim Camper-Ausbau auf das Gewicht ankommt, ist das ein idealer Werkstoff, der in den meisten Baumärkten als Leimholzplatten zu bekommen ist.

Der Hochschrank verbirgt eine Trockentoilette, die als Bastelset bestellbar ist. Auch diese haben Judith und Flo mit Holzintarsien individuell verschönert, damit alles zueinander passt.

Bei der Suche nach Inspirationen für ihren Traum-Camper stießen Flo und Judith auf das Klappbett eines anderen Ausbauers. Das Bett wird mit einer sogenannten »Murphy-Mechanik« mit Federn hoch- und runtergeklappt. Festgestellt hängt es an der Wand, runtergeklappt kommt es auf der Bank an der gegenüberliegenden Wandseite zum Liegen. Dank des Federmechanismus ist das Bewegen des schweren Bettes samt Matratze kinderleicht! Während der Fahrt muss das Bett allerdings heruntergeklappt bleiben, damit das Gewicht nicht auf nur einer Seite des Fahrzeugs hängt. Das Bett in der Größe 2 x 1,40 Meter aus Birkensperrholz zu bauen und den Klappbett-Mechanismus auszutüfteln, um den richtigen Drehpunkt zum Hoch- und Runterklappen finden, war nicht einfach, aber es hat sich gelohnt. Eine so ungewöhnliche, gelungene Bettkonstruktion findet man in selbst ausgebauten Campern selten.

Bett und Bank sind an Seitenwänden und Boden nur eingehängt und so verschraubt, dass beide Möbel durch die Hecktür komplett herausgenommen werden können. Ein großer Vorteil, falls Flo und Judith etwas umbauen oder reparieren müssen und an der Stromversorgung arbeiten möchten.

Mit hochgeklapptem Bett ist genügend Platz für eine gemütliche Eckbank und einen Tisch. Die Bank bietet unter der Sitzfläche viel Staufläche für Decken und Bettzeug. Die hochgeklappte Bett-Unterseite haben die beiden mit einer Weltkarte aus Holz verziert, die man so kaufen kann. Lackieren und aufkleben – fertig ist der ungewöhnliche Wandschmuck!

Zwischen Bett und Wand bleibt beim Klappbett ein Zwischenraum von ca. 10–15 Zentimetern, da sich die Seitenwand nach oben verjüngt. Der Vorteil: Es entsteht viel Stauraum. An der Wandseite hat das Camper-Paar daher viele Fächer und Haken für Bettzeug, Bücher etc. angebracht. Die Seitenwände haben Flo und Judith nicht mit Holz verkleidet, sondern nur gefilzt, damit kein Raum verlorengeht, den sie für ihre aufwendige Bettkonstruktion benötigen.

Am Heck hat sich das Paar einen gemütlichen Outdoor-Sitzplatz installiert. Hier genießen sie die Aussicht und einen Drink beim Sonnenuntergang in den heimischen Weinbergen. Der Schwerlast-Schubladenauszug wurde am Fahrzeugboden installiert und darauf die Sitzfläche verschraubt.

Die Gitarre ist immer dabei, denn Judith und Flos großes Hobby ist das Singen. Gemeinsam bilden sie das Gesangsduo »Flodith Music« und treten z. B. bei Hochzeiten und Festen auf.

Neben langen Urlaubstrips nutzen sie ihren Camper gern auch als mobiles Gästezimmer. Die ersten Fahrten mit »Björn« waren Besuche bei Freunden und Familie. Ihr Van ist ideal für solche Stippvisiten: Der Wagen kann einfach vorm Haus parken, abends kann man sich aber zurückziehen – so ist ein Besuch für Gäste und Gastgeber entspannter und einfacher.

Anstatt ein Haus zu bauen oder zu kaufen, haben Flo und Judith sich entschieden, Zeit und Geld in ihren wunderschönen Van zu investieren – es hat sich definitiv gelohnt!

DIY
VAN IT YOURSELF ** VAN IT YOURSELF **

Lichterkettenschirme

In jeden gemütlichen Van gehört eine Lichterkette! Je nach Ausstattung des Vans kann diese batterie- oder solarbetrieben sein oder über die Steckdose mit Strom versorgt werden. Für unsere Verschönerung mit Wäscheklammer-Schirmchen sollte die Lichterkette über ein festeres Kabel verfügen, damit sich die Schirmchen besser befestigen lassen. Die Metallringe gibt es im Bastelladen. Als »Form«, um die Schirme zusammenzubasteln, haben wir ein Teelicht-Glas in passender Größe gefunden.

DAS MATERIAL

Wäscheklammern aus Holz, ca. 6 Stk. pro Schirm

12 Metallringe (Bastelbedarf), Durchmesser 4 cm

12 Metallringe, Durchmesser 6 cm

Klebeband

kleines Glas, Durchmesser ca. 7 cm

Heißklebepistole

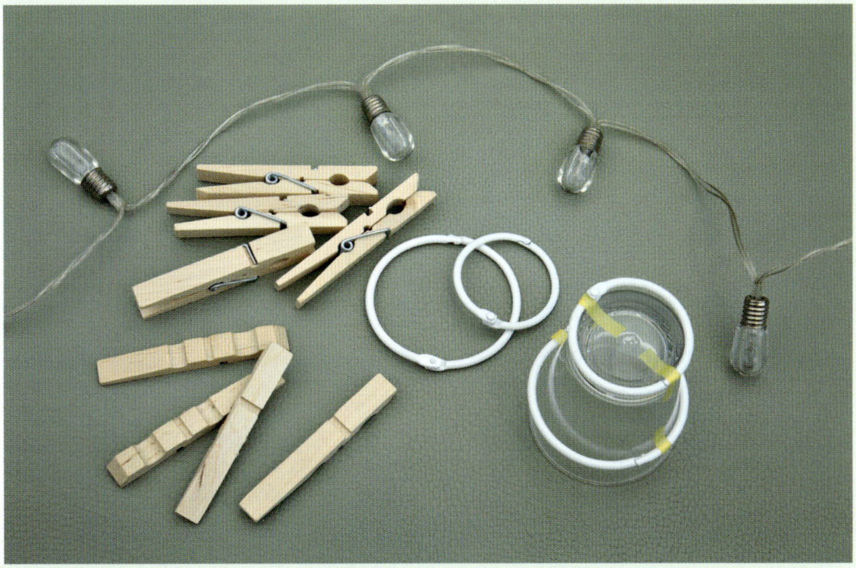

Die Wäscheklammern auseinandernehmen. Zwei Metallringe (einen großen und einen kleinen) über das Glas legen und mit Klebeband fixieren. Mit der Heißklebepistole auf der Rückseite der Wäscheklammerteile oben und unten Klebepunkte anbringen. Die Klebepunkte müssen auf die Ringe passen!

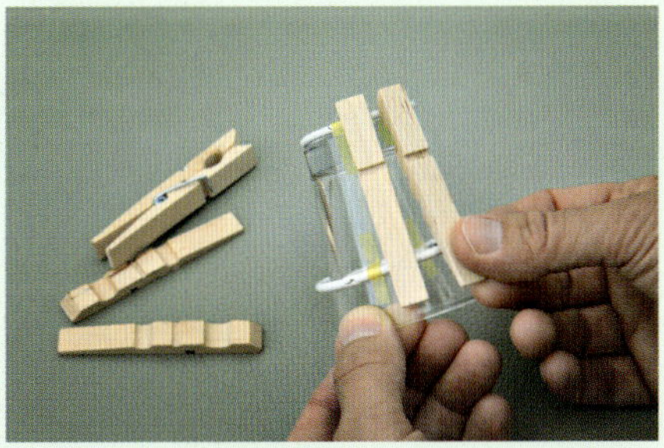

Pro Glas ca. 11 Wäscheklammerteile in regelmäßigen Abständen auf die Ringe kleben. Zwei gegenüberliegende Klammern weglassen, damit man die Lichterkette später durchfädeln kann. Wenn der Klebstoff getrocknet ist, Schirm vom Glas nehmen und mit dem nächsten beginnen.

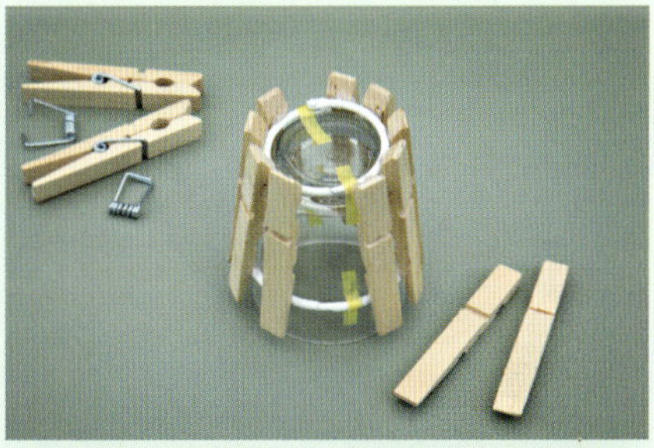

Zuletzt die Lichterkette durch die Schirme fädeln und die fehlenden Wäscheklammern aufkleben. Fertig!

FIAT

Elmo

Marke:	**Fiat Ducato**
Baujahr:	**2009**
Kilometerstand:	**211.000 km**
Fahrzeugkosten:	**3.500 €**
Ausbaukosten:	**ca. 10.000 €**
Location:	**St. Peter-Ording**

Moritz und Lena sind nur durch einen kleinen Hashtag zum eigenen Van gekommen: einmal auf Instagram über »#vanlife« gestolpert, schon war es um die beiden geschehen. Obwohl sie keine Campingerfahrung hatten, fanden sie die Freiheit des mobilen Reisens und die individuellen Ausbaumöglichkeiten so spannend, dass sie sich ziemlich schnell entschlossen, den Traum eines selbst ausgebauten Vans Wirklichkeit werden zu lassen.

Während Moritz den ersten Ausbau gern erst einmal mit einem kleinen VW Bulli versucht hätte, waren Lena mehr Platz und Stehhöhe in ihrem neuen mobilen Heim wichtig. Ziemlich kurzentschlossen und ohne Probefahrt schlugen sie dann bei einem ca. zehn Jahre alten Fiat Ducato zu, wobei sie beim Kauf noch gar keine konkrete Vorstellung vom Innenausbau hatten. Sie rissen bei ihrem neuen »Elmo« erst einmal Rückbank und Bodenplatte raus und mussten ihn ordentlich reinigen. Man sah deutlich, dass der Wagen vorher von Handwerkern genutzt wurde: Unter der Bodenplatte fanden sie Erde, Stroh und Glasscherben. Danach klebten Lena und Moritz mit Kreppband Möbelumrisse auf dem Fahrzeugboden ab, um eine bessere Vorstellung von den Raumverhältnissen im Van zu bekommen. Sie entschlossen sich dann für ein Querbett, eine Toilettenkabine und für zwei Küchenblöcke als wesentliche Elemente ihres Ausbaus.

Da Lena und Moritz eine kleine Kabine für ihr portables Campingklo einbauen wollten, ist die Aufteilung ihres Elmo etwas anders ausgefallen als bei vielen anderen Vans dieser Größe. Der größere von zwei Küchenblöcken ragt in die Seitentür hinein; direkt gegenüber der Wagentür ist die Toilettenkabine platziert. Ein zweites, kleineres Küchenmodul mit Spüle ist links neben der WC-Kabine untergebracht.

Decke und Wandverkleidung sind aus Profilholz Fichte, gestrichen mit weißem Holzlack und auf eine Unterkonstruktion verschraubt. Auch die Küchenmöbel und die Toilettenkabine sind an den Seiten teilweise mit diesen Paneelen verkleidet. Sieht super aus!

Nur bei einer Sache haben sie auf professionelle Hilfe zurückgegriffen: Die schönen Kassettenfronten der Oberschränke und Küchenmodule sowie die Tür der Klokabine hat ihnen ein befreundeter Tischler angefertigt.

Durch das weiß gestrichene Holz ist ihr Ausbau schön hell geworden. Das Weiß bildet einen perfekten Kontrast zum schwarzen Filz und den dunklen Eichenholzelementen von Arbeitsplatten und Ausziehtisch. Für die Kantenabdeckung haben sie Winkel-Kunststoffprofile von 3–5 Millimetern benutzt. An beiden Fahrzeugseiten und über die ganze Wagenlänge bieten große Hängeschränke reichlich Platz. Praktisch: Unterhalb der Schränke wurde ein iPad-Halter für Filmabende befestigt.

Die schöne Küchenarbeitsplatte besteht aus geöltem Eichenholz. Zum Kochen stehen ihnen ein mobiler Gaskocher und ein mobiles Strom-Induktionsfeld zur Verfügung. Beides wollten sie nicht umständlich verbauen und können so auch draußen kochen, wenn es das Wetter zulässt. Im vorderen Küchenblock ist eine Kompressorkühlbox zum Ausziehen untergebracht.

TIPP: Um nicht aufwendig echte Fliesen verlegen zu müssen, haben die beiden in der Küchenecke Klebefolie aufgebracht, die für schicke Fliesenoptik sorgt.

Vor dem Bett befinden sich zwei Einzelsitzelemente mit viel Stauraum unter den Sitzen, dazwischen ist am Bett eine Ausziehtischplatte angebracht. Dazu wurde im Vorderteil des Bettes ein Schubladenauszug verbaut. Der perfekte Essplatz für die beiden während ihrer Urlaubstrips!

Ihre Campingtoilette haben Lena und Moritz in einer Kabine untergebracht. Für das Trockenklo haben sie eine Holzeinfassung gebaut. So rutscht es nicht hin und her und zusätzlich entstanden Fächer für das Toilettenpapier. Eine Dusche haben sie nicht eingebaut, stattdessen nutzen sie eine Außendusche, die sie im Wagenheck einhängen können.

Als Deko-Element spielt Makramee bei Lena und Moritz eine wichtige Rolle. Auch hier haben sie Inspirationen und Anleitungen im Internet gefunden. So sind der Vorhang in der Seitentür, die Blumenampel, die Wimpelkette an der Hecktür und die Deko-Girlande im Fahrerbereich selbst geknüpft. Und wer sagt, das sei Frauensache? Auch Moritz hat mitgemacht und die dekorative Blumenampel angefertigt.

Die Fahrerkabine ist mit einem dicken, selbstgenähten Vorhang abgetrennt. So bleibt es auch morgens schön dunkel im Wagen, und im Sommer kühlen sie mit der Klimaanlage während der Fahrt nur den vorderen Teil ihres Vans, damit nicht zu viel Energie verloren geht.

Moritz und Lena haben ein festes Querbett für ihren Ausbau gewählt. Sie möchten nicht erst ihr Bett aufbauen müssen, wenn sie abends an ihrem Urlaubsort ankommen, und natürlich ist ein Bett auch am Tag sehr gemütlich! Es ist mit einer Länge von 1,85 Metern gerade für beide passend, allerdings nur 1,30 Meter breit. Als Matratze dient ein passgenauer Schaumstoff-Zuschnitt.

Bei »Elmo« zählen allerdings nicht nur die inneren Werte und der schicke Ausbau, auch von außen haben sich Moritz und Lena bei der Gestaltung viel Mühe gegeben. Ihr Camper hat ein eigenes Namens-Logo bekommen sowie eine edle Weltkarten-Grafik. Kühlerhaube und Seitenflächen wurden mit Raptor-Lack veredelt. Dieser robuste, witterungsbeständige und kratzfeste Lack ist nicht nur in der Off-Road-Szene sehr beliebt, sondern wird auch von immer mehr Campern genutzt. Er ist sehr unempfindlich gegen UV-Strahlung und Temperaturschwankungen, bildet eine Rostschutzschicht und zeigt sich außerdem extrem widerstandsfähig gegen Steinschlag. Für Selbstausbauer ideal: Der matte Lack kann recht einfach selbst verarbeitet werden – ein teurer Besuch beim Autolackierer ist nicht nötig. Moritz und Lena haben ihn mit einer Lackierrolle aufgetragen, man kann aber auch zur Spraydose greifen oder den Lack mit einer Sprühpistole verarbeiten. Er bietet eine grobe Oberfläche, deren Struktur durch besondere Verarbeitung sogar noch verstärkt werden kann.

Elmo

Da Moritz eine Ausbildung als Elektroniker hat, konnte er die Planung und Installation der Elektrik selbst übernehmen. Auf dem Dach sorgt eine Solaranlage für ausreichend Strom für mindestens ein Wochenende, sodass Elmo ohne Landstrom autark stehen kann. Für mehr Stauraum montierten die beiden außerdem eine Dachbox. Und da sie schon einmal dabei waren, auf dem Dach rumzuwerkeln, haben sie gleich noch eine Dachterrasse montiert. Allerdings mussten sie ein Loch für die vorher angebrachte Dachluke freilassen. Als Terrassendielen haben Lena und Moritz Standard-Douglasie-Dielen genommen und diese dann mit Nutensteinen auf dem Dachträger befestigt. Von dort oben haben sie einen perfekten Ausblick auf den Sonnenuntergang über der Nordsee.

TIPP: Der Außenklapptisch lässt sich mit einer Kette einhaken.

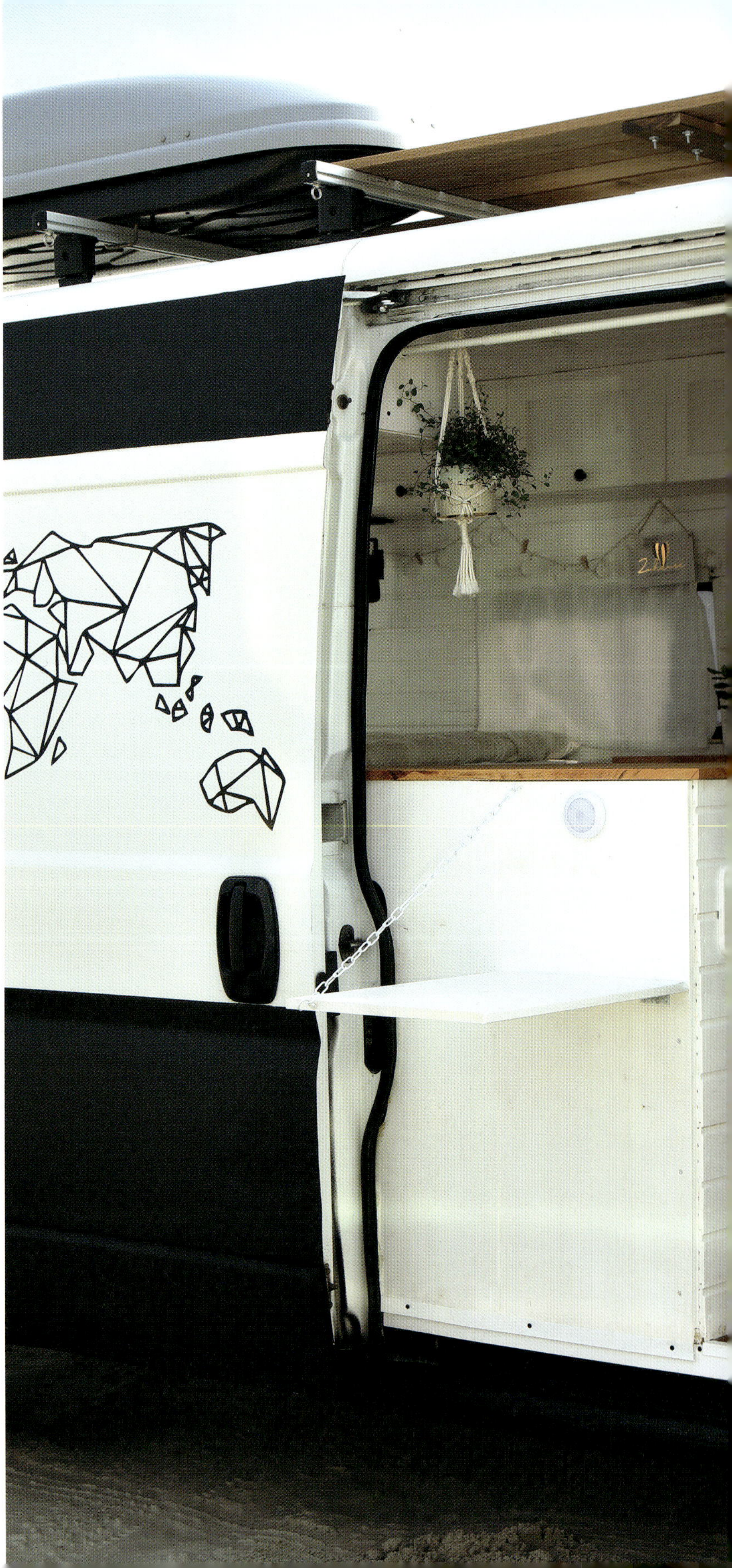

Für die Arbeiten an ihrem Van konnten sie die Zeit während des Corona-Lockdowns im Herbst 2020 nutzen. Der Wagen wurde komplett in einer Halle ausgebaut, und bereits nach einem halben Jahr führte Moritz und Lena der erste Kurztrip mit Elmo an den Strand von St. Peter-Ording, wohin sie dann zum Fotoshooting zurückgekehrt sind. Bei ihren Fahrten ist es ihnen nicht wichtig, ob sie Campingplatz, Stellplatz oder auch kleine private Plätze aufsuchen. Lena, Moritz und ihr Elmo richten sich nach den Angeboten auf ihrer Route, wie es gerade passt. Sie stehen gern autark, steuern aber ab und an einen Campingplatz zum Duschen an. Ihre erste richtig große Sommertour haben sie längst geplant – sie wird über den Bodensee, Österreich und den Gardasee nach Italien führen. Dort werden sie dann Rom, Rimini und Venedig besichtigen.

VAN IT YOURSELF ** VAN IT YOURSELF **

DIY

Weinglas-Regal

Ein kleines Regal für zwei Weingläser und ein bis drei kleine Flaschen Wein darf beim gemütlichen Abend im Camper nicht fehlen. Natürlich kann man das Regal nach Bedarf auch größer bauen – je nachdem, wie viel Platz sich im Van dafür findet.

Zuerst die Größe des Bodens an die Anzahl der Gläser und die Gläsergrößen anpassen. Dazu die Gläser nebeneinander auf das Brett stellen und Gesamtbreite und Tiefe abmessen. Die Größen der Holzteile dann gegebenenfalls anpassen. Alle Teile mit der Stichsäge zurechtsägen, schleifen, streichen, ölen, lasieren oder nach Belieben verschönern.

DAS MATERIAL

Holzplatte, z. B. Sperrholz Kiefer 8 mm

Bohrschrauber

Holzbohrer/Forstnerbohrer, Durchmesser 2,5 cm

Stichsäge

Handschleifgerät/Schleifpapier

kleine Holzschrauben, Holzleim

evtl. Holzschutzlasur/Holzschutzöl/Holzfarbe

Folgende Holzteile werden für zwei normale Weingläser benötigt (Achtung: gilt nur für eine Holzdicke von 8 mm):

- unterer Boden mit Gläserhalter: 24,6 cm x 11 cm
- Innenboden: 23 x 10 cm
- Rückwand: 23 x 18 cm
- 2 Seitenteile: 11 x 12 cm
- Vorderteil: 24,6 x 9 cm

Für den Boden den Durchmesser des Glas-Stiels, des Fußes und des Kelches ausmessen. Der Abstand der Halterungslöcher und Führungsschlitze richtet sich dann nach der Breite von Glasstiel und Glasgröße – die Schlitze müssen etwas breiter als der Glasstiel sein, das Halterungsloch nicht zu groß und der Abstand der Löcher so, dass die nebeneinander hängenden Weingläser sich nicht berühren.

In unserem Fall kam es mit zwei kleineren Weißweingläsern so hin: Mit dem Holzbohrer zwei Löcher mit dem Durchmesser von 2,5 cm bohren.
Position: 5,5 cm vom rechten und linken Rand entfernt. Der Abstand zwischen beiden Löchern beträgt bei unseren Maßen 11 cm. Die Löcher werden mittig vom oberen und unteren Rand des Brettes platziert.

Nun vom vorderen Brettrand aus 1 cm breite Schlitze für die Weinglas-Stiele bis zum Loch sägen.

Alle Teile zusammenschrauben und/oder leimen. Den Innenboden hierbei ca. 2 cm über dem Boden mit den Glashalterungen anbringen – hierbei aufpassen, dass sich die Gläser problemlos in den Glashalter schieben lassen. Eventuell mehr Luft lassen. Aufhängen – fertig. Prost!

Bertl

Marke:	Mercedes Sprinter H1
Baujahr:	2015
Kilometerstand:	128.000 km
Fahrzeugkosten:	21.500 €
Ausbaukosten:	ca. 29.000 € inkl. Dach
Location:	Einfelder See, Neumünster

Für Janek und seine Freundin Katharina bestand die Herausforderung beim Ausbau ihres Campers darin, ihn winterfest, offroad-tauglich und komplett autark nutzbar zu gestalten. Funktionalität war ihnen wichtiger als Style. Beim ursprünglich heckgetriebenen Sprinter wurde zunächst ein Allradantrieb nachgerüstet – einer der wenigen Arbeitsschritte des Umbaus, den Janek nicht selbst übernommen hat. Da er selbst bei einem Van-Ausbauer arbeitet, verfügt er ansonsten über weitreichende Kenntnisse und konnte viele seiner Erfahrungen nutzen. Beim eigenen Ausbau hat er etliche Ideen verwirklicht, die er bei Verkaufsfahrzeugen nicht umsetzen kann – auch um zu probieren, was alles möglich ist.

Bei Janeks und Katharinas DIY-Camper »Bertl« fällt als erstes das Hochdach ins Auge. Ihr Wagen ist ein Sprinter H1 mit mittellangem Radstand – ursprünglich also ein eher niedriges Fahrzeug, das nachträglich mit einem Hochdach über die komplette Wagenlänge versehen wurde. Davon wird nur die Hälfte für ihr Bett genutzt, wodurch der restliche Platz nach oben verbaut werden konnte. Für viele Transporter-Modelle gibt es solche Hochdächer zum Nachrüsten, der Einbau ist aber eher eine Sache für Profis wie Janek. Am Wochenende konnte er das Dach an seiner Arbeitsstelle selbst heraussägen und dann das Hochdach montieren.

Schon der Grundriss ist anders als bei den meisten DIY-Vans und voll an Janeks und Katharinas Bedürfnisse angepasst. Die wesentlichen Elemente sind auf der Fahrerseite eine Rückbank mit Tisch, auf der ihr kleiner Sohn mit Kindersitz Platz findet, dahinter Schränke und der hoch montierte Kühlschrank sowie auf der Beifahrerseite die Küchenzeile. Hinzu kommen im Heck eine Nasszelle, ein Klappbett im Hochdach sowie eine große Heckgarage.

Der Boden im Wohnbereich ist stufenförmig höhergelegt. Die erste Stufe hebt den Boden um 10 cm, das ermöglicht den absoluten Luxus einer Fußbodenheizung. Da Janek, Katharina und ihr kleiner Sohn Thade auch im Winter unterwegs sind, ist das ideal. Die Fußbodenheizung funktioniert nicht mit direkter Heizungsluft, sondern die Abwärme der Heizung wird unter der Bodenebene verteilt. Die Abwärme zieht auch in den Kleiderschrank, sodass nasse Kleidung schnell trocknet.

Eine weitere Stufe legt den Boden noch einmal um 20 cm höher. Darunter sind zwei 150-Liter-Wassertanks untergebracht. So viel Wasser ist notwendig, da sie auf ihren Reisen autark bleiben möchten und eine Dusche

und eine Camping-Waschmaschine benutzen. Es handelt sich um ein Wassersystem mit Filteranlage – sie verfügen über warmes und kaltes Brauch- und Trinkwasser und können theoretisch aus freien Gewässern auftanken. Für Janek war das Aufstellen der Wassertanks keine Alternative: Dann wäre das Gewicht nur auf einer Wagenseite gewesen. Die Montage der Tanks unter dem Fahrzeugboden schied auch aus: Dann wären sie nicht mehr frostsicher untergebracht.

Als Bodenbelag haben die beiden gewachsten 6-mm-Rollkork gewählt, der die Wärme sehr gut speichert. Sogar im Winter sind sie im Van nur barfuß unterwegs. Einmal im Jahr benötigt der Boden zwar intensive Pflege (Schleifen und Wachsen), da er z. B. anfälliger als PVC ist, aber ein Boden aus natürlichem, nachhaltigem Rohstoff ist was ganz Besonderes.
In die Stufe in der Seitentür hat Janek mit einer CNC-Maschine ein schönes Camper-Logo reingefräst.

TIPP: Außen am Küchenblock hat Janek ein einfaches Schuhfach zum Rausziehen verbaut. Es ist mit Gummibändern zum Festklemmen der Schuhe und sogar mit Duschbrause versehen, um Badelatschen kurz abzuspülen.

Der Küchenblock auf der Beifahrerseite ist mit Gaskocher, Backofen sowie Spüle perfekt ausgestattet. Die Arbeitsplatte ist aus Eichenholz und kann durch abklappbare Teile erweitert werden. Die Küchenzeile ist mit 35–40 cm nicht besonders tief. Der gesamte Innenaufbau ist recht schmal gehalten, da die Heckgarage an der Fahrerseite 60 cm Platz wegnimmt. Die Spüle haben sie mit einem passenden Holzstück abgedeckt, um Arbeitsfläche zu gewinnen. Alle Möbel bestehen aus Pappelsperrholz mit CPL-Beschichtung und sind von innen ausgefräst, um Gewicht zu sparen.

Der Kühlschrank ist nicht in den Küchenunterschränken platziert, sondern weiter oben und ist dort ideal zu erreichen. Die Kühlschranktür ließe sich sonst im engen Durchgang gar nicht richtig öffnen. Janek hat an den Möbeln platzsparende Rollläden statt Klappen verbaut. Sehr praktisch ist die Müllklappe!

Das gemütliche Bett im Hochdach bietet 2,15 x 1,45 Meter Liegefläche und ist zum Absenken konstruiert: Hochgeklappt bietet es trotz des Stufenaufbaus Stehhöhe, zum Schlafen wird es runtergeklappt. Es besteht aus zwei Multiplex-Platten, das Klapp-Scharnier-System dazu hat Janek passend selbst gebaut. Auf der Unterseite der Bettplatten findet sich wieder das eingefräste Logo.

Das ist keine kleine Camper-Nasszelle, sondern ein richtiges Badezimmer! Hier vermissen die drei auf ihren Off-road-Trips sicherlich keinen Komfort: ausgestattet mit Regenwalddusche, Waschbecken, Spiegel, Badschränken, Trockentoilette – und sogar mit einer Camping Waschmaschine, die auch von außen aus dem Heck bedienbar ist. Janek hat in ihrem Bad edle dunkle Multiplex-Platten benutzt.

Das Heck ihres Sprinters ist zu einem großen Teil durch die Rückseite der Duschkabine verbaut, lässt aber links Platz für eine große Heckgarage, 60 Zentimeter breit und ganze zwei Meter lang. Hier ist Raum für ihre Mountainbikes und den Kinderwagen. Meistens hat die Camper-Familie außerdem noch zwei Kanus oben am Wagen mit auf ihren Reisen.

Janek campt von Kindesbeinen an: Zuerst war er mit den Eltern in Zelt und Wohnwagen unterwegs, doch sein erstes eigenes Auto war gleich schon ein Bulli. Seitdem hat er mehrere Bullis selbst ausgebaut, darunter einen VW T3 Syncro. Mountainbike, Kanu paddeln, Klettern, Skifahren … Janek und Katharina sind echte Outdoorsportler und ihr nächstes Reiseziel soll Island sein. Die Überfahrt mit ihrem Van wird zwar nicht günstig, aber diese Reise wird sicher ein einzigartiges Erlebnis für Bertl und seine drei Abenteuer-Camper!

TIPP: Überall im Wagen haben Janek und Katharina Gummischnüre angebracht, um alle möglichen Reiseutensilien, Zeitungen und Bücher einfach zu verstauen.

VAN IT YOURSELF ** VAN IT YOURSELF ** DIY

Hängeregal

Ein einfaches Hängeregal für die Außenseite deines Vans ist schnell gebaut. Wir hängen es mit einfachen S-Metallhaken an die Schiebetür, aber natürlich sind auch andere Befestigungsmöglichkeiten möglich, z. B. mit Magnethaken. Um Kratzer am Autolack zu vermeiden, gummierte Haken verwenden oder Unterleggummis zurechtschneiden und unter die Haken klemmen. Auch die hintere Brettkante, die am Van aufliegt, sollte man präparieren, damit der Lack keine Kratzer bekommt. Wir haben einfache Möbel-Filzgleiter auf die Brettkante geklebt.

DAS MATERIAL

Holzbrett, 80 cm

Hanfseil, 1 cm dick, ca. 4 m

Handschleifgerät/Schleifpapier

Bohrschrauber

Bohrer, 1 cm

S-Haken, ca. 5 cm

Unterleggummi

Filzgleiter

Das Holzbrett auf die gewünschte Länge zurechtsägen, schleifen und bei Bedarf streichen oder auf andere Art aufhübschen.

Vier Löcher durch die Brettecken bohren. Der Lochdurchmesser richtet sich nach der Dicke des Seils. Seile durch die Löcher ziehen und unter dem Brett verknoten.

Bei uns passte eine Länge von 1,70 m pro Seil gut – am besten vorher am Camper ausprobieren, wie tief das Regal hängen soll. Haken am Van anbringen und aufhängen!

Candyvan

Marke:	**Ford Transit**
Baujahr:	**2015**
Kilometerstand:	**158.000 km**
Fahrzeugkosten:	**15.500 €**
Ausbaukosten:	**9.000 €**
Location:	**Alveser See**

»Learning by doing« ist wohl das Motto der meisten Camper-Ausbauer, und es passt auch auf Caty und Andy, die sich ohne jede Erfahrung in ihr Projekt stürzten. Andy hat nach eigenen Angaben zwei handwerklich linke Hände (glaubt ihm kein Wort!), und Caty zögerte noch, den Ausbau wirklich anzugehen, als ihr Mann den gebrauchten Lieferwagen schon gekauft hatte … Aber mit viel Leidenschaft und Spaß haben sich die beiden ihren Ford Transit zu einem supergemütlichen zweiten Zuhause eingerichtet.

Bei der Wagenauswahl waren ihnen Stehhöhe und Klimaanlage am wichtigsten. Dass der Van eine Beifahrer-Doppelsitzbank hat, war ein Zufallstreffer, der sich im Nachhinein als echter Glücksgriff erwies. Ohne die drei Sitze vorne hätten sie nun keinen Platz für ihre Tochter Malvie, die mittlerweile dazugekommen ist! Da der Ausbau im Wesentlichen nur draußen und am Wochenende möglich war, zogen sich die Arbeiten an ihrem Ford Transit über einige Monate hin, aber es musste für die beiden auch nicht gleich alles perfekt werden. Nach ca. einem halben Jahr Arbeit ging es zur Jungfernfahrt in die Sächsische Schweiz, wo ihr »Candyvan« zwar noch nicht komplett fertig, aber fahr- und campingbereit war. Die letzten Filzarbeiten an den Türen beendeten Andy und Caty erst ungefähr ein Jahr später. Während eines Schweden-Urlaubs hatten sie gemerkt, dass es an den Türen noch zu kalt ist. Der Filz bringt Dämmung gegen kalte Witterung – auch bei ihrem nächsten Reiseziel Norwegen ist das wichtig fürs Wohlbefinden!

Während die beiden den Innen- und Möbelausbau allein verwirklichen konnten, haben sie sich in anderen Bereichen Hilfe geholt. Zu den ersten größeren Hürden gehörte die Rostentfernung, das Schweißen der Bodenbleche und die Montage einer Standheizung – was mit tatkräftiger Unterstützung von Andys Vater angepackt wurde, der einschlägige berufliche Erfahrung mitbringt. Den Kabelsatz für die Elektrik haben Caty und Andy sich von einer Elektro-Firma auf ihre Bedürfnisse angepasst zusammenstellen lassen und den Einbau selbst übernommen.

Der Ford Transit hat eine starke Dachwölbung und wird an den Seiten nach oben hin schmaler. Die Holzverkleidung aus Profilholz (Fichte, 12 mm) an Decke und Wänden anzubringen, war daher eine besondere Herausforderung. Die Lösung: Andy und Caty montierten einen Holzrahmen ca. 10 cm vor die gedämmten Wände, sodass eine Unterkonstruktion entstand, auf der die Verkleidung geschraubt werden konnte. Im Fuß- und Kopfbereich des Bettes entstanden durch Aussparungen in den Fahrzeugwänden Nischen, die das Bett an beiden Seiten um einige Zentimeter verlängern. Bei anderen Fahrzeugmodellen mit senkrechten oder zumindest geraderen Innenwänden und Decken ist das Anbringen einer Verkleidung natürlich einfacher. Vielleicht auch ein Grund, warum Vans wie Fiat Ducato, Citroën Jumper oder Opel Movano bei Selbstausbauern beliebte Modelle sind. An der Decke verfuhr das Camper-Paar ähnlich. Sie hängten eine Holzkonstruktion von ca. 10 cm Höhe ab und schraubten darauf die Holzverkleidung.

Für den praktischen Ausziehtisch wurden passende Regalauszüge unter dem Bett montiert. So hält der Tisch auch ohne Bein und man erspart sich den Auf- und Abbau. Unter den Sitzblöcken ist reichlich Stauraum für Bettzeug und Decken.

Den L-förmigen Küchenblock haben Caty und Andy hinter der Fahrerkabine montiert, da es wegen des doppelten Beifahrersitzes keinen Durchgang gibt. Die Spüle ist verdeckt, um noch mehr Arbeitsfläche zur Verfügung zu haben. Über der Arbeitsplatte haben sie ein Fenster eingebaut, während sie zwischen einem Teil von Küche und Fahrerkabine eine Wand mit Fliesenoptik installierten.

Das Bett ist ein gemütliches festes Querbett von 1,80 m Länge x 1,60 m Breite. Andy und Caty wollten ein festes Bett, das natürlich auch einfacher zu konstruieren ist als ein Ausziehbett. Es ist jederzeit nutzbar und muss nicht auf- und abgebaut werden. Die Schaumstoffmatratze haben sie passgenau selbst zurechtgeschnitten.

Vor dem Bett ist noch genügend Platz für ein Babybett, das sie für Tochter Malvie bislang noch in den Van stellen. Das nächste Ausbauprojekt ist aber ein eingebautes Bett für das kleine Vanlife-Girl. Dazu möchten ihre Eltern die Sitzblöcke an den Wagenseiten mit einem klappbaren Lattenrost ausstatten: Kindermatratze drauf – fertig!

TIPP: Die kleinen Blumentöpfe sind mit selbstklebendem Klettband während der Fahrt gesichert.

Zur Dekoration des Küchenblocks haben Andy und Caty Möbelfolie gewählt, anstatt diese Seite zu streichen. Die Folie ist abwischbar – sehr praktisch im Eingangsbereich des Vans!

Für die offenen Regale hat Andy sich ein »Inlay« aus Jute überlegt. Das Material ist sehr dekorativ und erspart die Konstruktion von Holzwänden und Decke. Eine kleine Holzleiste dient als Schutz während der Fahrt – so kann nichts herausfallen.

Caty und Andy sind absolut zufrieden mit dem Ausbau ihres »Candyvans«. Trotzdem sehen sie ihren Camper als offenes Projekt, da es ja auch Spaß macht, den Van immer weiter zu verbessern und zu optimieren. Als nächste Schritte haben sie sich das Folieren der Außenseite, die Montage eines Babybetts und den Einbau eines Warmwasserboilers vorgenommen.

Ein Tipp, den Andy für andere Ausbau-Begeisterte hat: Mit professionellem Werkzeug kann man leichter und genauer arbeiten. Während er die meisten Holzarbeiten noch mit einer Stichsäge durchgeführt hat, legte er sich gegen Ende des Ausbaus doch noch Kapp- und Tischkreissäge zu. Damit ging dann alles wesentlich leichter!

Caty und Andys Fazit: Ein toller Ausbau ist auch für unerfahrene Bastler machbar. Man sollte sich aber nicht scheuen, für schwierigere Schritte wie Elektrik und Schweißarbeiten die Hilfe von Profis oder erfahreneren Hobbyhandwerkern dazuzuholen.

VAN IT YOURSELF ** VAN IT YOURSELF **

DIY

Treibholz-Handtuchhalter

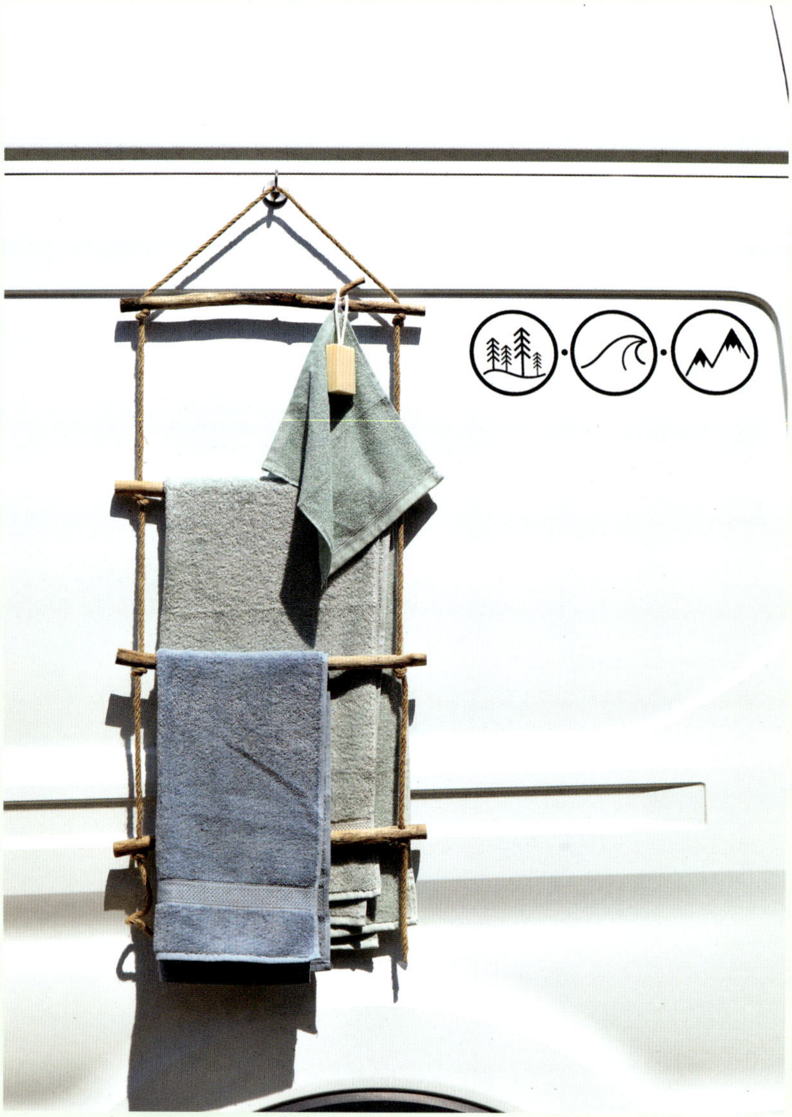

Der schöne Strickleiter-Handtuchhalter aus Treibholz lässt sich im und am Van aufhängen. So hat man immer Duschtücher parat und kann sich nach dem Bad im See abtrocknen!

DAS MATERIAL

4 Treibholz-Äste, Länge ca. 50 cm

Kordel oder Hanfseil, 1 cm Durchmesser, Länge ca. 3 m

Säge

Bohrschrauber

Holzbohrer, 1 cm Durchmesser

Magnethaken

Beim nächsten Roadtrip Äste aus Treib- oder Altholz sammeln (wir haben die schönen Exemplare am Elbufer gefunden) und mit einer kleinen Säge auf die gleiche Länge bringen (ca. 48–50 cm). Für unsere Leiter haben wir 4 Äste genutzt, was nachher eine Gesamthöhe von ca. 110 cm ergibt.

Die Äste an den Enden mit dem Bohrer vorsichtig durchbohren. Hierbei richtet sich der Lochdurchmesser nach der Dicke der Seile, die verwendet werden, um die Strickleiter zu verbinden.

Kordel oder Hanfseile durch die Löcher ziehen und jeweils unter den einzelnen Leiter-Ästen verknoten. Der Abstand der Äste beträgt ca. 30 cm. Die Strickleiter lässt sich mit Magnethaken einfach außen am Van anbringen.

Die alte Lady

Marke:	**Mercedes Sprinter / Rettungswagen**
Baujahr:	**1998**
Kilometerstand:	**240.000 km**
Fahrzeugkosten:	**3.500 €**
Ausbaukosten:	**5.500 €**
Location:	**Hafen, Kollmar**

Als Krankenschwester musste es für Christiane schon ein alter Rettungswagen sein, als sie sich zusammen mit Norbert entschloss, den Traum vom eigenen Camper anzugehen. Nach einigem Suchen wurden die beiden in einem alten Mercedes Sprinter Krankenwagen fündig. Vor dem Kauf ging es in eine Selbsthilfewerkstatt, um dort die nötigen Reparaturen einschätzen zu lassen. Der alte Rettungswagen war zwar schon ausgebaut, der Innenausbau gefiel Christiane und Norbert aber gar nicht, sodass die beiden sich entschlossen, ihre »alte Lady« komplett nach eigenen Wünschen und Vorstellungen neu zu gestalten. Während Christiane hierbei einen Großteil der handwerklichen Arbeiten übernahm, war Norberts Aufgabe, Ausbaumöglichkeiten und Materialien zu recherchieren. Den Elektrikausbau, inklusive Solarpanels auf dem Dach, haben die beiden Profis überlassen.

Christianes durchdachtes Farbkonzept kommt in ihrem Camper schön zur Geltung. Alle Schranktüren und Möbel, der Filz und sogar Kissen und Bettwäsche sind in verschiedenen Weiß-, Beige- und Grüntönen gehalten. Der passende hellbraune Filz, mit dem sie die Türen verkleidet haben, war allerdings gar nicht so einfach zu bekommen, sondern musste extra aus Großbritannien importiert werden.

Ein großer Vorteil des ehemaligen Rettungswagens: Der rechteckige Kastenaufbau hat gerade Wände, die ganz einfach tapeziert werden konnten. Christiane und Norbert haben sich für eine beige-weiße Tapete entschieden und im Schlafbereich, der Küche und in der Toilettenkabine mit grüner und grauer Strukturtapete farbige Akzente gesetzt.

Die Fahrerkabine des Krankenwagens war schon mit einer Wand vom Wohnbereich getrennt. So konnte die Küchenzeile mit den großzügigen Oberschränken direkt davor platziert werden, wobei das bestehende Fenster einen schönen Durchblick nach vorn ermöglicht.

TIPP: Zum Kochen benutzen Christiane und Norbert eine Induktionsherdplatte, die sie in einer Schublade installiert haben.

TIPP: Die Küchenschubladen werden während der Fahrt mit einer hübschen Kordel gesichert. Eine einfache und günstige Lösung, die auch noch schick aussieht! Die Schranktüren und Schubladen in der Küche sind mit schönen Lederschlaufengriffen versehen.

Sogar die Fahrerkabine haben Christiane und Norbert passend zum Farbkonzept gestaltet: Die Wände und Türen sind auch hier mit Filz bezogen und für die Sitze hat Christiane braune Kunstlederbezüge genäht. In einem passenden – natürlich auch selbstgemachten – Hänge-Organizer können Utensilien für die Fahrt verstaut werden.

Um das Zulassungsgewicht von 3,5 Tonnen zu halten, hat Christiane zu einem Trick gegriffen: Der große Kleiderschrank und die Oberschränke im Schlafbereich sind nicht mit Holztüren verschlossen, sondern besitzen lediglich Klappen, die aus mit Stoff bezogenen Holzrahmen bestehen. Hierzu werden Holzleisten zu passenden Tür- bzw. Klappenrahmen gezimmert und der Stoff darauf gespannt und festgetackert. Eine tolle Idee – die Stoffoberflächen sehen schick aus, machen den Innenausbau gemütlich und lassen sich in Christianes Farbkonzept integrieren, das die »alte Lady« so einmalig macht. Die Türen sind durch diese Bauweise allerdings recht empfindlich (nicht dagegenlehnen!).

Ursprünglich gab es beim Rettungswagen von außen eine Versorgungstür. Diese wurde von Christiane und Norbert tapeziert und im Innenraum als praktische Nische belassen – eine perfekte Ablage für Handy, Bücher oder das Tablet.

Die kleine Toilettenkabine mit Trockenklo, direkt neben der Küchenzeile, ist gemütlich eingerichtet und ebenfalls mit grüner Strukturtapete tapeziert. Für den schönen Handtuchhalter hat Christiane ein altes Leiterregal gekürzt und schräg hängend angebracht.

Christiane und Norbert haben sich für ein ausziehbares Querbett entschieden. Zum Schlafen wird der Klapptisch abgebaut, die Polster der Sitzblöcke rechts und links weggeräumt, einer der beiden Lattenroste nach vorn gezogen und die Matratzen aufgelegt. Der herausgezogene Lattenrost liegt auf den Sitzblöcken auf, die Sitzpolster werden einfach unter dem Bett verstaut. Wichtig waren ihnen richtige Lattenroste und Matratzen für besten Schlafkomfort, auch beim Campen. Unter der Stufe ist ausreichend Stauraum, dort sind auch die Dieselheizung und die Elektrik untergebracht.

Wichtig waren für Christiane und Norbert beim Ausbau und bei der Wahl ihres Campers Standhöhe, ein richtiges Bett mit Lattenrost und guter Matratze sowie eine Toilettenkabine. Der Ausbau sollte außerdem nicht zu teuer werden. Ziel erreicht! Christiane und Norbert sind absolut zufrieden mit ihrer gemütlichen »alten Lady«, wenn es auch immer mal was zu basteln und reparieren gibt – ein Campervan ist ja nie ganz fertig ...

Nach zwei Monaten Ausbauzeit ging es gleich los Richtung Toskana, wo die beiden alternative, kleinere Camping- oder Stellplätze bevorzugen, z. B. auf Bauernhöfen oder bei Weinbauern. Das ist auch eine tolle Alternative, wenn in der Spätsaison in Italien schon viele Campingplätze geschlossen sind. Ciao, alte Lady!

Wenn das Bett nicht zum Schlafen benutzt wird, werden die zwei Lattenroste zusammengeschoben und es entsteht ein gemütliches Sofa. Eine Matratze liegt auf, die andere wird als Sofarückwand an die Hecktür gelehnt.

VAN IT YOURSELF ** VAN IT YOURSELF **

DIY

Outdoorkissen

Dieses Outdoorkissen ist wetterbeständig, trocknet schnell und sieht schick aus – optimal zum Campen!

DAS MATERIAL

Füllkissen

beschichteter Stoff (wasserabweisendes, z. B. teflonbeschichtetes Gewebe)

Maßband, Schere, Garn, Stecknadeln

Nähmaschine

Reißverschluss, falls nötig – es geht auch ohne ...

Die gewünschte Kissen- und Stoffgröße ermitteln: ein Stoffrechteck mit der doppelten Breite des Kissens zurechtschneiden, dabei auf jeder Seite 0,5 cm Nahtzugabe dazurechnen. Heißt also, für ein Kissen der Größe 40 x 40 cm beträgt die Stoffgröße 41 x 81 cm. Alle Stoffseiten mit einem einfachen Zickzackstich versäubern, damit der Stoff nicht ausfranst.

Anschließend den Stoff in der Mitte falten, sodass die schöne Seite innen aufeinanderliegt. Die Seitenkanten mit Nadeln feststecken und zusammennähen. Die offene Seite bis zu etwa einem Viertel zusammennähen, den Bezug auf rechts drehen und mit dem Kissen füllen. Die offene Naht dann mit der Hand zunähen.

Praktischer ist das Verwenden eines Reißverschlusses. Dazu nach dem Zusammennähen der Seiten den Reißverschluss in der offenen Seite feststecken, auf der linken Seite festnähen und zum Schluss die noch offenen Stellen zunähen. Den Bezug auf rechts drehen, füllen, fertig.

Elma

Marke:	VW Bulli T4
Baujahr:	1999
Kilometerstand:	362.000 km
Fahrzeugkosten:	2.900 €
Ausbaukosten:	3.000–4.000 €
Location:	Elsdorf

Ein eigener Campervan war schon immer Sophies Traum. Erste Erfahrungen konnte sie mit einem Miet-Camper im Urlaub sammeln – eine großartige Möglichkeit, das mobile Reisen selbst auszuprobieren. Und nach diesem Urlaub war für Sophie klar: Es muss ein eigener, selbst ausgebauter Van her!

Als Ausbau-Fahrzeug hatte Sophie eigentlich einen größeren VW mit mehr PS und langem Radstand im Auge, als sie zufällig »Elma« in einer Anzeige sah: einen wunderhübschen hellblauen VW Bulli T4. Trotz einiger Macken, die aber auch den Charme von diesem Schatz ausmachen, war es Liebe auf den ersten Blick. Ein Bulli bietet zwar nicht gerade viel Platz zum Ausbauen, der Vorteil ist aber seine alltagstaugliche Größe. Ohne Hochdach kann man auch in Tiefgaragen parken und ein T4 ist so wendig, dass er auch im Stadtverkehr und auf engeren Parkplätzen keine Probleme macht. »Elma« verfügt zwar nur über 68 PS, aber das empfindet Sophies Freund Steffen eher als Vorteil: Die geringe Reisegeschwindigkeit von 100–110 km/h bringt eine angenehme Entschleunigung mit sich. Das Camper-Paar fühlt sich sofort nach der Abfahrt direkt in den Urlaubsmodus versetzt!

Natürlich bringt ein über 20 Jahre alter Bulli einiges an Arbeit mit sich, bevor es an den eigentlichen Ausbau geht. So mussten der Unterboden entrostet und neue Bleche eingeschweißt werden, neue Bremsen und Reifen waren auch fällig. »Elma« wurde vom Vorbesitzer auch schon zum Campen genutzt, war aber noch nicht komplett ausgebaut. Der Bulli war lediglich gedämmt und verfügte über eine Camper-Box. Die alte Armaflex-Dämmung musste komplett entfernt und erneuert werden. Für den Umbau in einen gemütlichen Campervan benötigten Sophie und Steffen ungefähr drei bis vier Monate und bastelten dafür an den Feierabenden und an den Wochenenden durch.

Da »Elma« keine geraden Wände hat, haben Sophie und Steffen die Seiten vertikal von oben nach unten verkleidet. Dazu werden wesentlich kürzere Bretter benötigt als bei einer horizontalen Verkleidung. Das sieht super aus und die kürzeren Wandverkleidungsbretter (Fichte Profilholz) ließen sich bei dieser Bauweise besser an die Wandform anpassen. Auch die Decke haben sie mit dem gleichen Holz verkleidet.

Nach dem wunderschönen orientalischen Keramikwaschbecken musste Sophie lange suchen. Fündig wurde sie auf der Internet-Kleinanzeigenseite eines marokkanischen Künstlers, der das Becken nach ihren Vorstellungen bemalte.

TIPP: Der Sitzsack ist nicht nur eine schicke Sitzgelegenheit, sondern dient auch als Stauraum: Er ist mit Decken gefüllt, die die beiden Camper in kälteren Nächten warmhalten.

Die L-förmige kleine Küchenzeile haben Sophie und Steffen mit viel Mühe und Liebe zum Detail gestaltet. Die Schrankfronten aus Sperrholz sind mit einem aufwendigen Holzfurnier versehen. Dazu wurden Kiefer-Sockelleisten angefräst, zum Fischgrätmuster zusammengesetzt und auf die Türen geleimt. Der Küchenschrank verbirgt eine ausziehbare Kühlbox und viel Platz für Küchenutensilien. Die Arbeitsplatten sind wie die Deckenverkleidung aus Fichtenholz.

Im Heck besitzt »Elma« zwei große Schubladen mit viel Stauraum. Hier haben Sophie und Steffen Schwerlastauszüge verbaut und die Schubladenböden aus Siebdruckplatten im Baumarkt zuschneiden lassen, damit alles genau passt. Die Fronten wurden von ihnen wie die Küchenmöbel aufwendig mit dem schönen Fischgrätfurnier gestaltet. In einer der Schubladen ist der Gaskocher verbaut, sodass die beiden auch bei Regenwetter einen gemütlichen Kochplatz nutzen können – geschützt durch die Heckklappe.

Praktisch: Der ausziehbare Wasserhahn kann durch das Seitenfenster als Außendusche verwendet werden. So behält Hund Pepe immer saubere Pfoten!

Auch das Bett in der Größe 1,85 x 1,40 Meter haben Sophie und Steffen selbst entworfen und gebaut. Der Lattenrost lässt sich ausziehen, um das Bett ganz einfach bis vor den Küchenblock zu verlängern. Das Tagessofa wird so zum gemütlichen Zweierbett (oder Dreierbett, wenn es nach Pepe geht).

TIPP: Die Vorhänge werden mit Klett an der Wand befestigt, damit sie in Position hängen bleiben.

Das ungenutzte Fenster ist von innen gedämmt und von außen foliert und bietet den perfekten Rahmen für die aufgeklebte Camping-Grafik.

Der erste Roadtrip der beiden nach Österreich, Italien und Kroatien war Steffens erste Camping-Reise mit »Elma« – er wusste daher gar nicht, ob sich die ganze Mühe des Ausbaus für ihn gelohnt hat ... Nach der ersten Nacht mit dem Bulli am Meer und dem morgendlichen Sonnenaufgang war ihm aber sofort klar: einmal Camper, immer Camper!

Und genau wie Sophie das Campen mit einem Mietwagen schätzen gelernt hat, möchten die beiden auch andere fürs Vanlife begeistern: Ihren Bulli »Elma« kann man über Paulcamper für Wochenend-Kurztrips mieten.

Organizer für die Sonnenblende

Ein schöner Organizer für die Sonnenblende, der Brille, Taschentücher, Kleingeld und alles, was sonst vorn im Wagen rumfliegt, griffbereit verwahrt. Mit ein bisschen Nähgeschick ist er schnell gefertigt!

Zuerst die Sonnenblende des Vans ausmessen, um die Größe des Organizers zu ermitteln. Eine Vorder- und eine Rückseite gleich groß ausschneiden – dabei eine Nahtzugabe von 1 cm pro Seite berücksichtigen. Zusätzliche Stofftaschen bzw. Einschubfächer zurechtschneiden. Die Kanten der Taschen umbügeln, mit ein paar Stecknadeln auf der Vorderseite feststecken und auf dem Stoff annähen.

DAS MATERIAL

Stoff

Schmale und breite Gummibänder

Reißverschluss

Maßband, Schere, Garn, Stecknadeln

Nähmaschine

Auf der Rückseite zwei breite Gummibänder festnähen. Das werden die Befestigungsgummis, mit denen der Organizer später an der Sonnenblende angebracht wird.

Vorder- und Rückseite mit den bedruckten Seiten aufeinanderlegen, dazwischen zwei oder mehrere schmale Gummibänder anordnen.

Nun die offenen Seiten zunähen und den Organizer durch den geöffneten Reißverschluss wenden. Jetzt muss der Organizer nur noch befüllt werden!

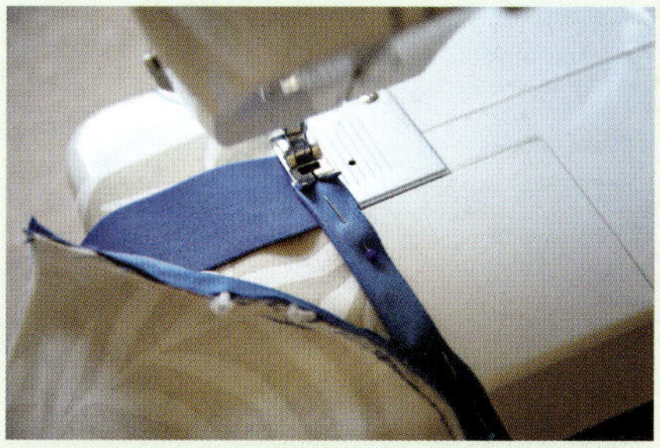

Reißverschluss an einer Seite feststecken und annähen.

Camper

Erna

Marke:	Citroën Jumper
Baujahr:	2013
Kilometerstand:	135.000 km
Fahrzeugkosten:	11.500 €
Ausbaukosten:	12.000 €
Location:	Ganderkesee

Für Marc und Sabrina begann ihre »Camper-Karriere« wie bei vielen anderen, die sich für das Thema Vanlife interessieren: Sie mieteten sich ein Campingmobil bei einem der zahlreichen Wohnmobil-Vermieter und starteten auf ihren ersten Roadtrip durch Österreich, Kroatien und Slowenien. Ein großes Abenteuer, wenn man, so wie die beiden, keinerlei Camping-Erfahrung hat. Danach waren sie vom mobilen Reisen so begeistert, dass sie noch während des Urlaubs begannen, nach Fahrzeugen und Ausbauideen zu recherchieren – schon einen Monat nach dem Urlaub stand der eigene Van vor der Tür. Als Basis für ihren individuellen Ausbau diente ihnen ein knapp zehn Jahre alter Citroën Jumper (baugleich mit dem Fiat Ducato), den sie als Handwerkerfahrzeug übernommen haben. Eine der ersten Arbeiten am Van war dann das Einbauen von Fenstern: Löcher durchs Metall bohren und dann ran mit der Stichsäge! Drei Fenster und zwei Oberlichter lassen jetzt mehr Licht in den Innenraum.

Die Küchenzeile ragt etwas in die Seitentüröffnung hinein und ist mit Spüle, Kühlschrank, Oberschränken und Gewürzregal perfekt ausgestattet. Zum Kochen nutzen die beiden einen mobilen Gaskocher. Die große Arbeitsplatte lässt sich durch einen abklappbare Erweiterung sogar noch verlängern.

Als Deckenverkleidung nutzten Marc und Sabrina dunkel lasierte Kiefernpaneele, in die LED-Lichtleisten versenkt wurden. Während der Küchenbereich mit weißem Holz verkleidet ist, hat das Paar im »Schlafzimmer« auf Holz verzichtet. So geht kein Raum verloren, denn eine Unterkonstruktion, auf die das Holz geschraubt wird, bedeutet bei einem Querbett gleich ein Verzicht auf 10–20 cm Liegefläche. Stattdessen haben sie den Wandbereich am Bett nach dem Dämmen hell gefilzt. In dem gemütlichen Bett findet eine normale Matratze in der Größe 1,40 m x 2 m Platz. Die Betthöhe wurde an die Küchenmöbel angepasst und am Bettkasten verstärkte Trittstufen angebracht, um leichter hinauf zu kommen. Da das Bett recht hoch gebaut ist, bietet der Bettkasten hinter einer Klappe viel Platz für alles, was man für eine Reise benötigt.

Gegenüber, an der anderen Wagenseite, befinden sich eine Sitzecke mit Tisch, ein Unterschrankmodul mit Ablagefläche und ein Hochschrank, die viel Stauraum ermöglichen. Die Kassettenfronten aller Möbel haben Marc und Sabrina selbst gestaltet. Grundlage sind HDF-Platten, auf die abgeschrägte Holzpaneele geleimt und danach lackiert wurden. Ein Profi hätte es nicht besser machen können!

Da Fahrer- und Beifahrersitz erhöht angebracht sind, wollten Sabrina und Marc auch für den hinteren Sitzplatz am Tisch ein Podest integrieren. So hängt man beim Umdrehen des Fahrersitzes nicht mit den Füssen in der Luft. Sie entschieden sich für eine Rundung dieses Podests – das nimmt weniger Platz weg, ist aber natürlich auch aufwendig zu konstruieren.

Dazu hat Marc auf dem Boden Winkel montiert, das Podest-Brett aus einer dünnen HDF-Platte an den Winkeln entlang rund gebogen und mit Zwingen gehalten. Dann wurde noch eine weiße Platte draufgeleimt, um die Schrauben komplett zu verdecken.

Marc hat durch den Ausbau so viel Erfahrung mit kniffligen Ausbauarbeiten sammeln können, dass das Tischlern mittlerweile zu seinem großen Hobby geworden ist: Auch für das gemeinsame Haus stellt er nun eigene Möbel her.

Die beiden haben keine Nasszelle – bei ihrer ersten Tour im Leihcamper merkten sie, dass eine Toiletten- oder Duschkabine für sie nicht zwingend notwendig ist. Zum Duschen fahren sie im Urlaub alle paar Tage auf einen Campingplatz. Nur eine Campingtoilette haben sie platzsparend unter dem Sitzkasten untergebracht.

Außen am Küchenblock besitzt »Erna« einen praktischen Tisch zum Einhängen, der sich einfach in der Schiebetür-Führung fixieren lässt. Beim Blick in den Van lässt sich schon erahnen, wie gemütlich diese »fahrbare Ferienwohnung« geworden ist.

Ein selbstgenähter Thermovorhang trennt die Fahrerkabine ab. Er wird ganz einfach mit kleinen Hakenmagneten fixiert, die man je nach Bedarf auch anders im Wagen verteilen und zum Aufhängen kleiner Gegenstände wie Schlüssel, Taschenlampen etc. nutzen kann.

Das »Campertraum«-Logo hat Marc mit einer 3D-Laser-Graviermaschine aus Holz geschnitten. Auch die schicken Schneidebretter sind so entstanden.

Das nächste Abenteuer wartet schon auf Marc, Sabrina und Hündin Lotte: Da sie Zwillinge erwarten, müssen sie ihren Traumvan leider schon wieder umbauen. In den nächsten Urlaub geht es dann zu fünft …

Ein großer Vorteil bei ihrem Ausbau: Da alle Möbel als Module gebaut und nicht auf einem Holzrahmen montiert sind, können sie einzeln ausgebaut werden. Zu schade, dass die beiden ihren wunderschönen Ausbau schon wieder ändern müssen, aber wir sind sicher, ihre »Erna« bleibt ein Campertraum!

Gewürzregal

Ein Hängeregal für Gewürze ist ein beliebtes Accessoire in der DIY-Camper-Küche und sehr einfach und günstig herzustellen – die Montage ist eigentlich selbsterklärend. Natürlich lässt sich die Größe je nach Menge der Gläser beliebig auf den Bedarf und den Platz im Van anpassen. Auch der Auswahl und Gestaltung der Gläser sind keine Grenzen gesetzt. Am günstigsten sind kleine Einmach- oder Marmeladengläser, aber natürlich gibt es auch fertig beschriftete Gewürzgläser zu kaufen. Das einzige, worauf man achten muss: Sie müssen Schraubdeckel haben.

DAS MATERIAL

Gewürzgläser/kleine Marmeladengläser mit Schraubdeckel

Holzbrett

Schrauben

Akkuschrauber

Der Platz im Van ist individuell anpassbar: Das Regal lässt sich z. B. direkt unter einem Hängeschrank montieren, an der Camper-Decke oder die Gläser werden an einem Brett in der Van Küche angebracht. Platzsparend ist das Gewürzregal auch unter dem Fenster im Kochbereich platziert.
Für das Regal werden die Schraubdeckel der Gewürzgläser in regelmäßigen Abständen unter einem Brett passender Breite und Länge verschraubt.

Wenn nötig, Schraubdeckel vorher mit einem Metallbohrer vorbohren. Achtung: zwei Schrauben pro Deckel benutzen, damit sich der Deckel beim Losschrauben der Gläser nicht mitdreht! Wer möchte, kann das Brett mit Löchern passend zu der Deckelgröße ausbohren, sodass die einzelnen Schraubdeckel im Holz versenkt werden.
Befüllen, kochen, schmecken lassen!

Harvey

Marke:	Mercedes Sprinter, langer Radstand
Baujahr:	2016
Kilometerstand:	110.000 km
Fahrzeugkosten:	15.500 €
Reparaturen und Ausstattung:	ca. 3.000 €
Ausbaukosten:	ca. 10.000 €
Location:	Burg Lüdinghausen

Sowohl Bayram als auch Silvia arbeiten bei einem Nutzfahrzeugausbauer und sind somit »vom Fach« – sie haben sogar schon einen Miniwohnwagen, den »Teardrop Caravan«, selbst entwickelt. Beim Ausbau ihres Sprinters »Harvey« verzichteten sie aber ganz bewusst auf das professionelle Werkzeug und die Infrastruktur ihrer Arbeitsstelle, um sich den Wunsch-Ausbau als Hobbybastler vor der Haustür zu erarbeiten. Handwerken ist Bayrams große Passion, und er hat diese Heimarbeit sehr genossen. Nur große Holzplatten, wie z. B. die Wandverkleidungen, Küchenarbeitsplatten und Eichenpaneele für die Decke, hat er vom Tischler zuschneiden lassen.

Die Arbeit selbst war nach dem Lackieren und Streichen der Möbelteile sehr schnell erledigt – nach zwei Wochen Urlaub und insgesamt ca. 100 Arbeitsstunden war ein Großteil des Werkes vollbracht. Der Wagen sollte rechtzeitig für den ersten Van-Urlaub im Allgäu fertig sein!

Strom, Wasser, Heizung – mit seinem Vorwissen konnte Bayram alles komplett selbst planen und einbauen. Heizung und Warmwasserbereiter werden in diesem Camper mit Strom und Gas betrieben. Die große Gasflasche, die auch den Herd versorgt, hängt im Fahrzeugboden.

Am Anfang steht für jeden Camper-Ausbauer die Frage: Welches Fahrzeug soll es sein? Wie groß, welche Marke, worauf wird besonderer Wert gelegt? Nachdem Bayram und Sylvia sich zum Selbstausbau entschlossen hatten, kam ihnen eine gute Idee: Sie klebten auf dem heimischen Fußboden die Wagen- und Möbelumrisse ihres Traum-Vans mit Kreppband ab. So bekamen sie eine Vorstellung von den Größenverhältnissen und konnten entscheiden, wie groß ihr Wagen eigentlich sein soll und wie er am besten einzurichten wäre. Das war eine wichtige Hilfe, denn sie merkten schnell, dass sie viel Platz benötigen würden. Deshalb war ein Mercedes Sprinter mit langem Radstand die erste Wahl. Die Ladefläche zum Ausbau ist hier ganze 4,30 Meter lang und bietet ihnen genug Platz für zwei lange Bänke an den Seiten sowie für zwei Küchenblock-Elemente mit integriertem Dusch- und WC-Bereich.

Eine genaue Planung und exakte Zeichnungen der Möbel waren für Bayram als erfahrenen Fahrzeugbaumeister selbstverständlich. Er wusste daher genau, welche Mengen von welchem Material er für den Ausbau benötigt.

Den Wohnbereich dominieren die zwei Meter langen Sofas auf beiden Wandseiten, die man auch problemlos für ein Mittagsschläfchen nutzen kann, ohne das Bett aufbauen zu müssen. Unter den Sofabänken ist viel Stauraum. Ihre Möbel haben die beiden aus 12 Millimeter Multiplex-Platten gefertigt und die Fronten mit Rahmen von sechs Millimetern verziert.

Bayram und Silvia haben sowohl auf einen Hochschrank als auch auf eine geschlossene Nasszelle verzichtet, um mehr Arbeitsfläche zum Kochen nutzen zu können. Dennoch fanden sie eine einmalige und sehr individuelle Lösung für Dusche und Toilette: Ihre »Nasszelle« ist offen in die Küchenzeile integriert. Werden Dusche oder Toilette benutzt, wird einfach ein Teil der Eichen-Arbeitsplatte hochgeklappt, mit einem Riegel fixiert und ein Duschvorhang an der Decke zugezogen. Die Duscharmaturen sind im Unterbau verborgen, nur der Duschkopf, die Zuleitungen und der Duschvorhang weisen in geschlossenem Zustand auf die Duschkabine hin. So geht – anders als bei einer verbauten Kabine – kein Platz verloren und auf der Habenseite steht eine große Arbeitsfläche zum Kochen und zusätzlicher Stauraum im Unterbau, z. B. für Schuhe.

Aus einfachen Kupferrohren aus dem Baumarkt hat Bayram nicht nur die Küchen- und Duscharmaturen geschweißt und gelötet, sondern auch Gardinen- und Vorhangstangen, Lampen und den Duschkopf gefertigt. »Harvey« verfügt somit über eine sehr individuelle, dekorative und nicht zuletzt günstige Wasserinstallation.

Ausgangspunkt für dieses Stilelement waren mehrere alte Kupferlampen, die Bayram vor Jahren aus dem Müll rettete und hier endlich wiederverwerten konnte. Zwei Lampen finden als Leselampen Verwendung, die dritte hat Bayram umfunktioniert – auch der Duschkopf war ursprünglich eine Lampe.

TIPP: Die einfachen, aber sehr schönen Kleiderhaken hat Bayram aus Holzresten gesägt.

TIPP: Neben Kupfer ist Leder das zweite Material, das sich im ganzen Wagen wiederfindet. Es findet in Form von Gardinenhaltern, Schubladenschlaufen oder auch als Henkel an Silvias selbstgestrickter Tasche Verwendung. Anstelle von teuren, vorgefertigten Lederschlaufen wurden einfach mehrere lange Ledergürtel umfunktioniert.

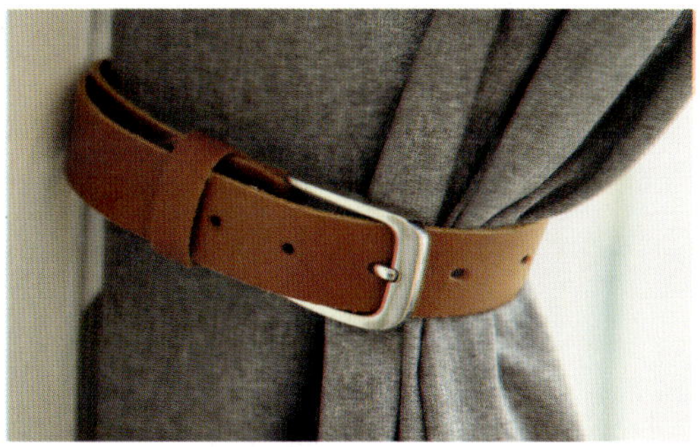

Während Silvia für ihr großes Hobby Stricken sogar eine eigene Wolle-Schublade im Camper bekam, ist Kochen und Backen Bayrams Leidenschaft. Und er beweist: Auch ohne Ofen lässt sich im Van ein leckeres frisches Brot backen.

Der Bettaufbau ist einfach: Drei Holzplatten werden zwischen den beiden Sofas auf Ablagekanten gelegt und dienen als Unterlage für die Matratzenteile. Eine dieser Platten wird normalerweise als verschiebbare Ablageplatte zwischen die Sofas gelegt, die zwei anderen Holzplatten dienen eigentlich als Fußteil und Platte des Tisches. Der Fuß des Tisches muss beim Bettaufbau nur abgeschraubt werden. Der Tisch lässt sich – wie auch die Ablageplatte – frei zwischen den Sofas hin- und herschieben. Die Matratzenpolster wurden auf Maß gefertigt. Eine elegante, einfache Lösung für ein Bett ohne Lattenrost.

Silvia und Bayram haben eine ganz klassische »Camping-Karriere« durchlaufen – vom Familiencamping im Zelt zum Bulli, über den selbst entwickelten kleinen Wohnwagen nun zum individuell ausgebauten Traum-Camper. Die beiden lieben Wochenendausflüge in der Region. Auch solche Kurzurlaube sind für sie sehr erholend, da ihr rollendes zweites Zuhause so wohnlich geworden ist.

Gläserregal

Das Gläserregal für kleinen Krimskrams wie Bad- oder Küchenutensilien lässt sich aus wenigen Materialien einfach zusammenbauen. Benötigt wird nur ein schönes Holzbrett. Da es nicht besonders groß sein muss, eignet sich hier ein Holzrest, der vom Van-Ausbau übrig ist, oder das Brett einer alten Palette. Die Größe richtet sich nach der Menge und Größe der Gläser, die man verwenden möchte. Drei gleiche Marmeladen- oder Einmachgläser finden sich in den meisten Haushalten. Die Schlauchschellen bekommt man im Baumarkt; deren Spannbereich muss dem Durchmesser der Gläser entsprechen.

DAS MATERIAL

Holzbrett, ca. 36 x 18 cm

3 Einmach- oder Marmeladengläser, ca. 10 cm hoch und 5 cm im Durchmesser

3 Schlauchschellen mit 40–60 mm Spannbereich

Bohrmaschine

Schleifmaschine/Schleifpapier

Metallbohrer

Schraubendreher

kleine Holzschrauben

Das Brett zurechtsägen und je nach Belieben schleifen und streichen. Die Schlauchschellen mit einem kleinen Metallbohrer durchbohren (so, dass die Spannschrauben vorn sind) und mit kleinen Schrauben auf dem Brett festschrauben. Vorher die Position der Gläser und der Schlauchschellen prüfen!

Dann die Marmeladengläser einspannen und mit dem Schraubendreher festziehen. Das war's schon!

Karlsson

Marke:	VW Caddy
Baujahr:	2007
Kilometerstand:	170.000
Fahrzeugkosten:	3.600 €
Ausbaukosten:	ca. 3.500 €
Location:	Medebach / Sauerland

Hannah war schon immer so begeistert von selbst ausgebauten Camper Vans, dass sie am liebsten bereits als 17-Jährige mit dem Ausbau losgelegt hätte – ohne Führerschein und eigenes Fahrzeug! In der Schule hatte sie sich schon mit Schreinern und Tischlern beschäftigt, sodass sie kurzentschlossen erst einmal eine Auto-Campingbox fertigte. Ein solches Campingmodul mit Schubladenauszug und Bett zum Ausklappen ist ca. 1,10 x 1,60 m breit und macht aus jedem Transporter im Handumdrehen ein Campingfahrzeug. Das funktionierte so gut, dass Hannah daraus gleich ein Geschäftsmodell entwickelte und insgesamt ca. 20 selbstgeschreinerte Boxen verkaufte – die Finanzierung ihres eigenen Vans war damit gesichert. Der Ausbau ihres VW Caddys entstand dann mihilfe von Freund Yannik ein Jahr später als Schulprojekt, für das sie sich ein Jahr lang mit einem frei gewählten Thema beschäftigen sollte.

Ihr »Karlsson« ist das beste Beispiel dafür, dass man auch einen kleinen Wagen für wenig Geld gemütlich ausbauen kann. Einige Abstriche muss man allerdings machen: Hannah und Yannik haben daher auf den Einbau einer Wasserversorgung mit fließendem Wasser verzichtet und greifen auf Frischwasser aus einem Kanister zurück. Natürlich hat ein Caddy auch keine Stehhöhe und das Bett ist recht klein. Davon abgesehen hat »Karlsson« aber alles, was man fürs gemütliche Campen braucht!

»Karlsson« verfügt über ein Highlight, von dem Hannah vor dem Kauf gar nicht wusste: eine sogenannte »Leiterklappe« am Heck, über die Handwerker Leitern aufrecht transportieren können. Im Camper dient die Leiterklappe vor allem als zusätzliches Fenster, das ordentlich Luft und Licht in den kleinen Caddy bringt und durch das man nachts sogar den Sternenhimmel betrachten kann. Handwerkerwagen mit diesem speziellen Feature sind eher selten – mit dem Nachteil, dass Ersatzteile schwer zu bekommen sind. Als eins der Scharniere brach, musste Hannah deshalb zu einem Händler nach Holland fahren, um eine neue Klappe zu bekommen.

Der Caddy besitzt im Heck zwei Flügeltüren – ideal für einen kleinen Klapptisch. Einen weiteren haben die beiden hinten am Bett angebracht. Caddy »Karlsson« hat sogar eine eigene Emaille-Tasse!

Das Bett haben Hannah und Yannik selbst entworfen. Der ausziehbare Teil des Lattenrosts ist geteilt und kann getrennt ausgezogen werden, sodass man das Bett auch L-förmig als Sitzecke nutzen kann. Im Caddy ist aus Platzgründen nur der Einbau eines schmalen, recht kurzen Betts möglich, mit dem die beiden sich aber gut arrangieren. Da sie über eine ungewöhnliche Bettgröße mit den Maßen 1,20 x 1,80 m verfügen, haben sie die Schaumstoffmatratze selbst zurechtgeschnitten und eigene Bezüge dafür genäht. Eine günstige Lösung, und die Bezüge sind auch noch waschbar.

Stauraum für Kleidung und Bettwäsche findet sich in Schubladen und Fächern unter dem Bett. Zusätzlich haben die beiden einen Dachkorb mit einer großen Tasche für Campingtisch, Stühle und Sonnensegel montiert.

Praktisch: Der Camping-Gaskocher ist in einer Schublade verstaut und kann zum Kochen im Freien herausgezogen werden. Die Kühlbox haben Yannik und Hannah freistehend montiert, da im Caddy zu wenig Platz ist, um sie in einem Küchenschrank zu verstauen.

Da Yannik eine Ausbildung zum Elektriker macht, konnte er sich um die komplette Bordelektrik kümmern – zweifellos einer der komplizierteren Aspekte des Ausbaus, den viele Vanlifer daher Profis überlassen. Im Vergleich zu Holzarbeiten ist dieses Thema doch etwas komplexer. »Karlsson« ist mit einem mobilen Solarpanel ausgestattet, das den kleinen Van mit Energie versorgt, auch wenn er im Schatten steht. Anders als bei auf dem Dach montierten Panels kann die mobile Variante einfach in der Sonne platziert werden, ohne dass man selbst im Van schwitzt.

»Karlsson« ist von innen komplett gedämmt, aber nicht überall verkleidet. Eine vollständige Seiten- und Deckenverkleidung würde zu viel Platz verschenken.

TIPP: Vorteil der fehlenden Verkleidung ist, dass Hannah und Yannik die Löcher im Metallrahmen an vielen Stellen nutzen können, beispielsweise um Küchenutensilien unterzubringen. Mit einfachen Spanngurten und Karabinerhaken wird unter anderem die Küchenrolle sicher aufbewahrt.

Ihre nächste große Tour planen Hannah und Yannik im Frühjahr, sie möchten dann mehrere Monate durch Südeuropa reisen. Ihr großer Traum ist allerdings, die Nordlichter am Nordkap durch die Leiterklappe zu betrachten. Vielleicht unternehmen sie dieses Abenteuer aber auch mit Karlssons Nachfolger, denn irgendwann möchten die beiden auch einen größeren Wagen ausbauen, z. B. einen Sprinter oder einen T5. Da Hannah nach der Schule eine Schreinerlehre beginnen möchte und schon reichlich Erfahrung auf diesem Gebiet gesammelt hat, darf man gespannt sein …

Insektenschutznetz

Nichts ist nerviger als Mücken und surrende Fliegen im Wohnmobil. Unser Tipp: ein günstiges Moskitonetz für eine normale Terrassentür kaufen und für den Camper umfunktionieren! Der Insektenschutz aus zwei Teilen ist mit Magneten verschlossen, so kann man problemlos durchgehen und der Vorhang schließt sich anschließend wieder ganz von allein.

DAS MATERIAL

Insektenschutznetz
für Terrassentüren

Schere

Befestigungsmöglichkeiten, z. B.:
selbstklebende Magnetstreifen, selbstklebendes Klettband oder Druckknöpfe und Schrauben

Zuerst die Türöffnung des Campers ausmessen. Dann das Insektenschutznetz auf die gewünschte Größe zurechtschneiden. Anschließend oben und an den Seiten der Türöffnung sowie an der Kante des Netzes Klettband aufkleben und damit das Netz befestigen. Selbstklebende Magnetstreifen eignen sich ebenso gut, wenn der Türrahmen des Vans magnetisch ist. Einen noch sichereren Halt bieten Druckknöpfe, die in der Türöffnung befestigt werden. Die eine Komponente der Druckknöpfe wird in den Saum des Netzes genietet und das Gegenstück in den Seitentürrahmen geschraubt.
So, ab jetzt gibt es kein allabendliches Gesurre mehr!

Milipami

Marke:	Iveco Daily
Baujahr:	2011
Kilometerstand:	145.000 km
Fahrzeugkosten:	7.500 €
Ausbaukosten:	12.000 € inkl. Werkzeug und Reparaturen
Location:	Kollund, Dänemark

Als kinderloses Camper-Paar waren Michi und Lisa oft mit dem Auto im Camping-Urlaub – und natürlich ging es mit dem Volvo in ihr Lieblingsland Schweden. Zu zweit kann man einen Kombi gut als Ersatz-Camper nutzen, sofern man sich mit einer Matratze im Kofferraum begnügt. Als ihre Söhne Paul und Mian dazukamen, musste allerdings ein größerer Wagen her. Sich ein Wohnmobil anzuschaffen, kam für die Familie aber nicht infrage. Einerseits aus finanziellen Gründen, andererseits gefielen ihnen auch die meisten Innenausbauten nicht. Ein fertiger Ausbau war Michi und Lisa außerdem zu wenig flexibel. Die beiden schätzen die Möglichkeit, an ihrem Camper jederzeit Änderungen nach eigenen Vorstellungen vornehmen zu können oder die Möbel sogar komplett auszutauschen – was sie auch schon getan haben.

Ihren »Milipami« haben sie mit einer Dreiersitzbank hinten gekauft, die sie für ihre Söhne kurzerhand auf einen Zweiersitz zurechtgesägt haben. Was nicht passt, wird passend gemacht!

Die Küche im »Milipami«-Van besteht aus zwei gegenüberliegenden, recht schmalen Küchenblöcken. Hinter der Rückbank ist in einem Möbelelement die Spüle untergebracht, die Kühlbox zum Herausziehen befindet sich im zweiten Küchenschrank in der Seitentür. Ein Kochfeld ist nicht verbaut, stattdessen nutzen sie einen mobilen Gaskocher. An allen Möbeln haben sie Klappen anstelle von Schubladen angebracht, da sie einfacher zu konstruieren sind als Schubladensysteme.

An den Seitenwänden haben Lisa und Michi zwei Sitzbänke eingebaut. Dazwischen befindet sich ein Schwenktisch, der entfernt werden kann, wenn das Bett aufgebaut wird. Hängeschränke an beiden Seiten bieten viel Stauraum. Die Deckenverkleidung besteht aus Kieferpaneelen mit Nut und Feder, die wie die Schränke und Küchen-Arbeitsplatten in einem dunklen Braunton gebeizt sind. Die Decke haben Michi und Lisa etwas heruntergezogen, um einen Übergang zu den Seitenwänden zu schaffen. Die Wände sind zur einen Hälfte mit weißgestrichenen Holzpaneelen und zur anderen Hälfte mit schwarzem Filz verkleidet. Der weiße Anstrich der Möbelelemente und der Seitenwandverkleidung stellt einen schönen farblichen Kontrast zum dunklen Holz dar. Auch die Hecktüren sind im Stil des Innenraums teils gefilzt und Teils mit Holz verkleidet.

TIPP: Die Übergänge von den Hängeschränken und den Seitenwänden zur Decke sind mit dekorativen Hanfseilen abgedeckt.

Ein Etagenbett für vier Personen sieht man in Campervans selten. Im »Milipami«-Mobil befindet sich oben das Kinder-Hochbett für die beiden Jungs mit einem selbstgebauten Lattenrost zum Ausziehen. Die zweite Kindermatratze wird danebengelegt, wodurch sich die Liegefläche auf 1,20 x 1,70 Meter verdoppelt. Paul und Mian schlafen in ihrem gemütlichen Bett quer. An den Seitenwänden sind einfache Holzleisten angebracht, auf denen der Lattenrost aufliegt. Michi und Lisa haben die Bettkonstruktion selbst geplant und – wie so einiges im »Milipami« – auch schon umgebaut: Vorher lagen die Matratzen auf einer Unterkonstruktion aus zwei Platten zum Nebeneinanderlegen. Das Bett war auf diese Weise zwar komplett ausbaubar, aber so schwer und unhandlich, dass sich die Familie zu der Variante mit einem Lattenrost entschied.

Das Elternbett darunter ist ein Längsbett, das zum Schlafen nach vorn verlängert wird. Dazu wird zuerst der Tisch heruntergeklappt und dann die Tischplatte abgebaut und als Bettunterlage zwischen beide Sitzbänke gelegt. Die Sitzbankpolster bleiben liegen und dienen als Matratze; ein weiterer schmaler Matratzenteil wird dazwischen gelegt. Fertig ist das gemütliche Elternbett, das mit 1,70 Metern Breite und 2 Metern Länge auch für den langen Michi genug Platz bietet. Natürlich bietet diese Etagenbettkonstruktion relativ wenig »Kopffreiheit«, aber das ist Gewöhnungssache. So ist die ganze Familie bequem untergebracht und durch die ausziehbare Konstruktion entsteht bei zusammengeklappten Betten mehr Raum im Van.

Für mehr Helligkeit im Van haben sie ein großes Oberlicht eingebaut. Die Fahrerkabine ist mit einem Vorhang abgetrennt, darüber befindet sich ein großes Staufach.

Lisa und Michi sind eigentlich dauernd mit Umbauten an ihrem Van beschäftigt: Das Innere haben sie zum Teil schon dreimal rausgerissen und neu gebaut. So war ihre gesamte Inneneinrichtung zuerst farblich genau umgekehrt gestaltet: Arbeitsplatte weiß, Schränke braun. Wie bei vielen Ausbauern stellte sich auch bei Michi und Lisa der Einbau der Elektrik als echte Hürde heraus. So planten sie zunächst, in ihrem Camper komplett ohne Strom auszukommen. Nach dem ersten stromlosen Van-Urlaub wollten sie dann aber doch nicht darauf verzichten. Die Kabel im Nachhinein hinter die Wand- und Deckenverkleidungen zu verlegen und die Beleuchtungsspots in die Decke einzubauen war eine besondere Herausforderung, hat aber funktioniert. Als nächsten Verbesserungsschritt möchten sie noch Solarpanels auf dem Dach des Vans unterbringen, damit sie autarker reisen können. Für ihr bevorzugtes Reiseziel Schweden ist das besonders wichtig, da Freistehen dort überall erlaubt ist.

Michi, Lisa, ihre zwei Söhne und ihr Hund Åke sind echte Nordlichter. Sie wohnen direkt an der dänischen Grenze, und es zieht sie immer wieder nordwärts. Die ersten beiden Urlaube mit ihrem »Milipami« haben sie in Schweden verbracht. Ohne Ziel und feste Route lassen sie sich im Urlaub treiben, um die völlige Unabhängigkeit und Freiheit des Campens zu genießen. Die nordischen Länder sind für sie das optimale Reiseziel, da man mit dem Van nicht auf Campingplätze angewiesen ist und fast überall stehen darf. Der nächste Roadtrip in den Norden ist schon in Planung: Diesmal geht es über Dänemark mit der Fähre nach Norwegen und dann über Schweden zurück nach Hause.

VAN IT YOURSELF ** VAN IT YOURSELF **

DIY

Gummibänder-Regal

Gummizugschnüre sind ideal, um alles Mögliche im Van an seinem Platz zu halten. Sie können auch hervorragend als Absperrung offener Regale oder Fächer dienen: Auch größere Küchenutensilien, Kleidung oder Schuhe lassen sich problemlos durch die Gummibänder ziehen. Lücken in den Wagentüren lassen sich damit zu praktischen Stauräumen umwandeln – einfach Schnüre vorspannen und Kram dahinterklemmen!

Wer es etwas netter mag, bastelt unser Gummibänder-Regal nach. Es ist perfekt zum Aufbewahren kleiner Gegenstände, Bücher oder Hefte. In der Größe ist man natürlich flexibel, je nachdem, wieviel Platz an der Van-Wand für das Regal ist und was untergebracht werden soll. Wir haben eine Höhe von 38 cm und eine Breite von 25 cm gewählt.

DAS MATERIAL

2 Holzleisten; 38 x 5,5 cm; 1,5 cm dick
2 Holzleisten; 25 x 5,5 cm; 1,5 cm dick
1 Holzleiste; 23,5 x 5,5 cm; 1,5 cm dick
umflochtenes Gummiband
Holzbohrer, 3 mm
Holzschrauben
Säge
Bohrschrauber

Leisten zurechtsägen, schleifen und streichen. Löcher mit einem Holzbohrer (3 mm) in regelmäßigen Abständen mittig durch die beiden Holzleisten bohren, die als Seitenwände dienen.

Die vier Holzleisten zu einem Rahmen zusammenschrauben, den Zwischenboden einfügen und festschrauben.

Die Gummibänder durchziehen, schön stramm verknoten. Aufhängen, fertig! Wer mag, kann natürlich auch eine Rückwand einsetzen.

KING

Pinot

Marke:	Citroën Jumper
Baujahr:	2008
Kilometerstand:	173.000 km
Fahrzeugkosten:	4.500 €
Ausbaukosten:	ca. 5.500 €
Location:	Hamburg / Afrikahöft

Miriam und Maik aus Hamburg nutzten die Zeit während des ersten Corona-Lockdowns im Frühjahr 2020, um den Ausbau ihres eigenen DIY-Campers anzugehen. Wichtig bei der Suche nach einem geeigneten Fahrzeug war ihnen neben der Stehhöhe auch eine zweite Sitzreihe, um vier Sitzplätze zur Verfügung zu haben. Hier wurden sie im Ruhrgebiet fündig – sie entschieden sich für ein gebrauchten Kastenwagen, einen Citroën Jumper, den sie nach dem französischen Wein auf den Namen »Pinot« tauften.

Da die beiden immer mit ihrer Hundedame Leia unterwegs sind, bekam sie einen eigenen gemütlichen Schlafplatz, der auch während der Fahrt Sicherheit bietet. In die Küche- und Regalzeile wurde dazu eine ausgepolsterte Hundebox in der Größe 100 x 45 cm mit einem selbstgebauten Schiebegitter integriert.

Um mehr Licht in den Innenraum zu bekommen, bestanden die ersten Ausbauschritte aus dem Einbau von Dachluke und Seitenfenster. Den Winkelschleifer anzusetzen und die Fensterlöcher auszusägen, kostet jeden Van-Ausbauer Überwindung, aber der Einbau ist dann doch einfacher als gedacht. Diese speziellen Fenster und Dachluken für Campingfahrzeuge bekommt man problemlos im Fachhandel.

Danach haben die beiden den Wagen von innen komplett isoliert. Die originale Siebdruck-Bodenplatte des Fahrzeugs konnte wiederverwendet werden und wurde mit schickem PVC in Holzoptik belegt. Einen Großteil der Arbeiten mussten Maik und Miriam am Straßenrand mitten in Hamburg durchführen – so ergab es sich auch, dass zufällig ein neugieriger Handwerker vorbeikam und ihnen im Blitztempo bei der Bodenverlegung half. Wie schön, wenn unverhoffte professionelle Hilfe manchmal nur einen Kaffee kostet!

Um den Innenraum wohnlicher und einheitlich mit den Holzfronten der Küchenzeile zu gestalten, haben Maik und Miriam die Seitenwände und die Wagendecke mit Holzpaneelen verkleidet. Während an den Seitenwänden weiße Holzleisten mit Nut und Feder zusammengesteckt wurden, haben die beiden an der Decke einzelne Paneele mit ca. 1 cm Abstand direkt auf die Metallholme geschraubt. Heckklappe und Schiebetür wurden dann noch mit Filz verkleidet. Da es keine rechten Winkel gibt, musste jede Stelle, die verkleidet werden sollte, passgenau vorgearbeitet werden. Bewährt hat sich hier das Erstellen von Schablonen, natürlich auch beim Planen der Küchenmöbel.

Bei den Küchenoberschränken haben Miriam und Maik auf fertige Ikea-Küchenfronten zurückgegriffen. Die Camper-Küche ist mit großen Wassertank, Spüle, Arbeitsplatte, Kühlschrank mit Eisfach und Herd mit zwei Induktionsplatten optimal ausgestattet.

TIPP: Die stylische Flaschenhalterung wurde aus Whiskeyflaschen-Dosen gebaut. Hierzu werden die Metalldosen einfach in ausgesägte Löcher im Regal versenkt und festgeklebt. Zum Schluss die Ränder rundum mit weißem Silikon abdichten – fertig!
Wer nicht so viel Whiskey trinkt, dass genug Dosen vorhanden sind, kann als Alternative Tennisballdosen benutzen. Und Van-Ausbauer, die weder Whiskey trinken noch Tennis spielen, essen vielleicht Chips aus Dosen …

Bei der Gestaltung ihres Campers war es den beiden wichtig, den Innenraum auch bei schlechtem Wetter optimal nutzen zu können. Hierzu wurde gegenüber der Küchenzeile ein gemütliches Klappsofa integriert, das sich mit wenigen Handgriffen in ein Doppelbett mit den Maßen 130 x 190 cm umbauen lässt. Eine einfache Ikea Schlaf-Klappcouch dient hier als Grundlage: Das Klappsystem mit den Matratzenteilen wurde auf einen selbstgebauten Unterbau montiert, der mit einem großen Bettkasten ordentlich Stauraum bietet. Ausgeklappt reicht das Bett direkt bis an die Küchenzeile.

TIPP: Genial einfach: das Gewürzregal besteht aus Metalldosen, die durch zwei Magnetleisten fixiert werden. So sind die Gewürze während der Fahrt sicher verwahrt. Die Dosen bilden einen dekorativen »Hingucker« und sind beim Kochen in greifbarer Nähe. Magnete lassen sich beim Van-Einrichten sehr gut nutzen, um alles Mögliche klapperfrei anzubringen!

Schönes Poster – denkt man! Hinter diesem dekorativen Bild verbirgt sich eine moderne Infrarotheizung, die auch an kühlen Tagen für angenehme Wärme sorgt. Solche Heizbilder gibt es in allen möglichen Motiven und Größen.

Zwei Lkw-Batterien liefern im Campervan den Strom für das Induktionskochfeld, Beleuchtung, Steckdosen sowie die elektrische Heizung und sind über Solarpanels auf dem Dach sowie über Landstrom aufladbar. So kann man mit dem »Pinot« auch einige Tage ganz autark in der Natur genießen. Allerdings wurde auf den Einbau von Toilette und Dusche verzichtet. Maik und Miriam bevorzugen bei ihren Van-Reisen daher kleine, schöne Stellplätze, zum Beispiel auf Bauernhöfen.

Auf ihrer ersten großen Sommertour im Jahr 2020 durch Österreich, Schweiz und Frankreich konnten Maik, seine Tochter Charlotte, Miriam und Leia auf der Dachterrasse ihres Campers so schon die herrlichsten Sonnenuntergänge genießen.

DIY
VAN IT YOURSELF ** VAN IT YOURSELF **

Citronella-Kerze

Der Ausbau des Campers mag das eine oder andere kleine Problem mit sich bringen, aber mal ehrlich: Die einzige echte Herausforderung, mit der jeder Camper zu kämpfen hat, sind natürlich Mücken. Citronella-Kerzen mit herrlichem Zitronenduft vertreiben die Blutsauger zuverlässig. Und am schönsten ist es, wenn man diese Kerzen – so wie alles andere am DIY-Camper – einfach selbst macht! Benötigt werden Kerzenreste, gewachste Kerzendochte mit Fuß, Wäscheklammern, kleine Gläser, Citronella-Öl sowie Töpfe zum Schmelzen des Wachses.

DAS MATERIAL

alte Kerzen, Wachsreste oder Wachsflocken (z. B. Sojawachs)

Kerzendochte mit Metallfuß

Schraubgläser oder andere Gefäße

Citronella-Öl

Kochtopf

Konservendose oder kleiner Topf

Wäscheklammern

Wachs abwiegen und im Wasserbad gerade so weit erwärmen, bis alles geschmolzen ist.

Pro 100 g Kerzenmasse ca. 8–10 Tropfen Citronella-Öl hinzufügen.

In jedes Glas mittig einen Docht (bei größeren Gläsern auch mehrere) platzieren. Die Dochte fixieren, zum Beispiel mit einem quer darüber gelegten Stäbchen oder einer Wäscheklammer, Klebeband tut's notfalls auch.

Das heiße Wachs vorsichtig in die vorbereiteten Gläser gießen und erkalten lassen. Fertig sind die Duftkerzen! Mücken werden einen großen Bogen darum machen und die nächsten lauen Sommerabende im Freien sind gerettet.

Vansinns-feeling

Marke:	VW T6, langer Radstand
Baujahr:	2015
Kilometerstand:	156.000 km
Fahrzeugkosten:	22.000 €
Ausbaukosten:	13.000 €
Location:	Schlei / Taarstedt

Natürlich möchten Dennis und Franzi ihren treuen Begleiter Barry auch während der Ferien immer bei sich haben. Aber mit einem Hund zu verreisen, ist gar nicht so einfach: Flugreisen kommen für die drei nicht infrage, und Hotels oder Ferienwohnungen mit einem Hund zu finden, ist schwierig. Mit dem eigenen Campervan hat man solche Probleme nicht. Hunde sind auf den meisten Campingplätzen gern gesehen, aber Dennis und Franziska fühlen das »Vansinnsfeeling« sowieso am besten, wenn sie mit ihrem DIY-Van frei stehen. Für einen großen Hund wie Barry ideal, da er nach Herzenslust in der freien Natur rumtoben kann.

Dennis' und Franzis DIY-Van sollte Platz für eine kleine Küchenzeile, ein Klappbett sowie genug Verstaumöglichkeiten bieten. Wichtig war vor allem, dass für Barry Platz zum Schlafen und Ausbreiten auf dem Boden zwischen Küche und Bett bleibt. Daher mussten sie ein offenes Konzept mit genug freiem Platz finden. Ein Bulli bietet dafür nicht viel Raum, aber in einem T6 mit langem Radstand konnten sie ihre Bedürfnisse optimal umsetzen. Beim Kauf ihres Gebrauchtwagens hatten die beiden Glück: Statt eines durchgerockten Handwerkerfahrzeugs haben sie ausgerechnet den – natürlich blitzsauberen – Wagen eines Staubsaugervertreters erwischt. Und der war nicht nur durchgesaugt, sondern auch sonst in einem top Zustand.

Bei einer Roomtour fällt gleich die helle, freundliche Farbgebung ihres DIY-Campers auf. Die Möbel sind in einem schönen gelben Vanilleton gestrichen. Decke und Möbel bestehen aus geölten Multiplex-Platten mit Buche Furnier. Passend dazu ist der PVC-Fußboden in einem ähnlichen Farbton gehalten und strukturiert, sodass er kaum von echtem Holz zu unterscheiden ist.

Die Küchenzeile ist an der Fahrerseite L-förmig angebracht, im rechten Küchenteil ist die Kühlbox in einem Auszug verstaut. Beiden war es wichtig, dass die Küchenmöbel und Schränke im Bulli nicht zu viel Raum einnehmen, da der Platz vor dem Bett für den riesigen Barry zum Schlafen ausreichen muss. Am kurzen Küchenblockelement ist ein praktischer Klapptisch angebracht. Der Beifahrersitz ist drehbar und so kann man zum Arbeiten und Essen am Tisch sitzen.

Das Steinspülbecken passt perfekt zu der schicken, goldenen Armatur. Die schönen Vorhänge mit Fransen hat Franzi selbst genäht.

TIPP: Die Besteckschublade decken Dennis und Franzi mit einer passenden, geteilten Holzplatte ab, die mit einem Griffloch versehen ist. So entsteht ein kleiner Ablage- und Frühstückstisch, wenn sie die Schublade aufziehen.

TIPP: Franzi und Dennis haben bei ihrem Ausbau sehr viele Gegenstände mit Magneten befestigt, anstatt sie fest zu verschrauben: Vorhangstangen, Haken, Gardinen, Lichterketten ... ganz einfach und trotzdem flexibel.

Auch die Deckenpaneele bestehen aus Multiplex-Buchenfurnier. Die Schrauben wurden mit schmalen Sperrholz-Querleisten abgedeckt, die so dünn sind, dass sie sich leicht an die Deckenrundung anpassen ließen. Schick! Die Deckenplatten haben die beiden direkt im Baumarkt auf 5 cm Breite zuschneiden lassen, um sich einen Arbeitsschritt zu sparen.

Die Möbelklappen unter dem Bettaufbau sind mit einem geschmackvollen Holzfurniermuster geschmückt.

Für ihre Gewürze haben sie ein langes Holzregal gebaut und dies im Durchgang zum Fahrerbereich an der Decke angebracht. Die Gewürzgläser sind ganz einfach mit schwarzen Gummibändern gesichert. Aber jetzt der Clou: Im Korpus des Regals ist eine Leinwand zum Abrollen versteckt. Für gemütliche Fernsehabende müssen die beiden nur die Leinwand runterlassen und einen kleinen Beamer anwerfen – Autokino einmal anders!

Auch von hinten ist ihr T6 sehr gemütlich. Hier haben Franzi und Dennis im Heckauszug auf Schwerlastauszügen eine Outdoorküche untergebracht. Offene Fächer bieten genug Stauraum für den Gaskocher und die Küchenutensilien. Als Verzierung hat Franzi halbierte runde Holzstäbe auf die Heckauszugklappe geklebt.

Den Camping-Gaskocher, den sie auf ihren Reisen nutzen, haben sie nicht im Fahrzeug montiert, sondern im Heckauszug untergebracht. Für den TÜV hat Franzi ihn zur Abnahme allerdings einmal anschrauben müssen: Eine Wohnmobil-Zulassung gibt es nur, wenn der Kocher fest verbaut und zur Verwendung im Innenraum geeignet ist.

Das Klappbett wurde dreiteilig konstruiert, sodass es tagsüber als Sofa genutzt werden kann und auch im Heck eine Sitzgelegenheit bietet. Der Unterbau ist aus Multiplex-Platten. Der mittlere Teil wird mit einem einfachen Klappmechanismus als Sofa-Rückenlehne hoch- bzw. runtergeklappt, der vordere und hintere Matratzenteil bleiben als Sitzgelegenheiten liegen. Das notwendige Scharnier haben die beiden einfach vom Kopfteil eines klappbaren Lattenrosts abmontiert und eine Führungsschiene dazu installiert. Frei nach unserem Motto: Van it Yourself! Das Bett hat die Maße 125 x 180 cm – länger sollte es nicht werden, damit Barrys Schlafplatz vor dem Bett noch groß genug ist. Die Matratze haben Dennis und Franzi bei einer lokalen Matratzenmanufaktur auf Maß anfertigen und beziehen lassen.

Die größte Herausforderung stellte für Dennis und Franzi der Einbau des Schiebetürschrankes im Schlafbereich dar. Schräge Wände und die abfallende Decke des Bullis erschwerten den Bau, sodass sie insgesamt 30 Schablonen aus Pappe basteln und etliche Versuche starten mussten, bis endlich alles passte. Der Schrank ist aus dem gleichen Multiplex-Holz gefertigt wie die restlichen Van-Möbel, die Schranktür aus dünnerem Sperrholz. Als Profil für die Tür hat Dennis ein einfaches Plastik-Möbelprofil gesucht und umfunktioniert.

Die Hecktür haben die beiden »Vansinnigen« gefilzt, mit Holz verkleidet und ein schickes Camper-Logo aufgeklebt.

Die nächsten Reisepläne von Franzi, Dennis und Barry sind Schottland und ein Winterurlaub in Norwegen – da werden sie mit Sicherheit wieder ihr »Vansinnsfeeling« erleben!

Handtuchhalter

Einen Handtuchhalter, den man schnell an der Außenseite des Vans anbringen kann und der kaum Stauraum einnimmt, kann jeder Camper gut gebrauchen!

DAS MATERIAL

Bambusstange, ca. 60 cm
2 Ösenmagnete
2 passende Gummikappen

Unverzichtbares Zubehör für den Campervan sind Supermagnete – es gibt sie in den verschiedensten Ausführungen und Größen. Fast alles lässt sich mit ihnen ohne lästiges Bohren und jederzeit abnehmbar im und um den Van herum anbringen: Vorhangstangen, Lichterketten, Thermomatten, Dekowimpel und Traumfänger; man kann damit Vorhänge, Moskitonetze und Fliegengitter fixieren, Küchenutensilien am Platz halten, Haken anbringen und vieles mehr. Natürlich kann man mit stärkeren Magneten auch größere Dinge wie Sonnensegel, mobile Solarpanels, Vorzelte etc. außen am Van montieren. Topfmagnete gibt es sogar mit Innengewinde, um Gegenstände mit passendem Außengewinde festzuschrauben.

Praktisch für den Außenbereich sind Topfmagnete mit dazugehörigen Gummikappen, die über die Magnetseite gesteckt werden und den Fahrzeuglack schonen. Es gibt sie als Magnethaken oder Ösenmagnete in den verschiedensten Größen.

Für unseren einfachen Handtuchhalter benötigt man nur eine Bambusstange (ca. 60 cm lang) sowie zwei passende Ösenmagnete mit Gummischonern.

Magnete mit den Gummikappen versehen, an der Außenwand des Vans fixieren. Dann die Bambusstange durch die Ösen schieben und fertig ist der Handtuchhalter. Während der Fahrt lassen sich die Magnete einfach im Fahrzeuginneren nutzen und die leichte Bambusstange nimmt nicht viel Platz weg.

The Wood-packers

Marke:	Ford Transit L3 H2
Baujahr:	2017
Kilometerstand:	100.000 km
Fahrzeugkosten:	16.500 €
Ausbaukosten:	10.000 €
Location:	Worpswede

Das Thema Vanlife hat die beiden »Woodpackers« Paul und Alicia schon immer interessiert. Ihr erster gemeinsamer Urlaub war daher ein Roadtrip durch Frankreich und Italien – allerdings noch mit dem Auto und reingelegter Matratze. Der nächste Schritt war dann der eigene, selbst ausgebaute Van. Besonders reizte sie daran, sich auf kleinem Raum auf das Nötigste zu begrenzen – ein Thema, mit dem sie sich auch sonst beschäftigen, z. B. in Form von »Minimalismus Challenges«. Sie können sich auch vorstellen, ihren gewohnten Lebensstandard so weit einzuschränken, dass sie in Zukunft ganz im Camper leben.

Von außen macht ihr selbst ausgebauter Van ordentlich was her. Um ihrem mobilen Heim einen Off-Road-Charakter zu verleihen, haben die beiden den Kühlergrill eines Ford Pick-up eingebaut, einen Frontbügel angebracht und die Kühlerhaube mit Raptor-Lack veredelt.

Ihr Ford Transit ist schon der zweite, den Paul und Alicia in Eigenarbeit ausgebaut haben. Ihr erster war eine Nummer kleiner, ein Ford Transit Custom L1. Es stellte sich schnell heraus, dass dieses Fahrzeug nicht zu ihnen passte: keine Stehhöhe, keine Klimaanlage – nach einem Jahr haben sie den ausgebauten Wagen wieder verkauft und sich vergrößert. Es ist dann ein Ford Transit L3 H2 geworden: das gleiche Fahrzeug, aber länger und höher und daher mit mehr Platz für ihre Einbauten.

Der zweite Ausbau ging mit der gewonnenen Erfahrung viel schneller. Vor allem das Einbauen der Fenster war nicht mehr so schwierig. Zwei Fenster und zwei Oberlichter haben Paul und Alicia selbst eingesetzt. Sie konnten beim neuen Camper verbessern, was ihnen beim ersten Ausbau nicht perfekt gelungen war. Unter anderem haben sie die Fahrzeugelektrik optimiert und ein festes Solarpanel auf dem Dach installiert.

Bei ihrem ersten Ausbau wurde der Van zuerst gedämmt und die Verkleidung dann auf einer Holzrahmenkonstruktion angebracht. Dieses Verfahren änderten sie bei ihrem zweiten Camper. Anstatt wieder eine aufwendige Unterkonstruktion zu bauen, haben Paul und Alicia diesmal die ursprüngliche Sperrholzverkleidung des Lieferwagens direkt über der Dämmung angebracht. Dadurch geht kein Raum verloren, vorhandenes Material konnte wiederverwertet werden und sie konnten damit Kosten sparen. Die Sperrholzplatten wurden teils mit Kork, teils mit Filz beklebt. Kork ist ein nachwachsender und damit nachhaltiger Rohstoff, der beim Van-Ausbau immer öfter Verwendung findet. Seine Farbe verleiht dem Wageninneren einen natürlichen, warmen Ton. Als spezieller Dämmkork ist er auch zur Dämmung des Vans geeignet.

Passend zu den braunen Korkwänden haben sie hellbraunen Cordstoff ausgewählt, den sie überall im Wagen verwenden, z. B. als trennenden Vorhang zur Fahrerkabine und als Möbelvorhang am Küchenunterschrank. Hier Türen zu installieren, würde zu viel Platz rauben und zusätzliches Gewicht bedeuten. Die bestehende Trennwand zum Fahrerbereich wurde beibehalten, sodass die Klimaanlage im Sommer wirklich nur den Fahrerbereich kühlt. Alicia und Paul haben dann einen Teil ihres L-förmigen Küchenausbaus vor der Fahrerkabine installiert. Bei den Küchenmöbeln wurden Klappen anstelle von Schubladen montiert, da sie wesentlicher einfacher zu konstruieren sind.

An der Decke haben sie zwei Pappelsperrholzplatten direkt mit Nietmuttern angebracht und die Übergänge zur Wand hübsch mit Kunstpflanzen verdeckt. Diese Art der Deckenverkleidung ist nicht nur einfacher zu verarbeiten als eine aufwendige Variante mit Paneelen, sondern natürlich auch günstiger und leichter. Auch hier konnte also Gewicht gespart werden – ein wichtiger Faktor beim Ausbau, um die magische Gewichtsgrenze von 3,5 Tonnen nicht zu überschreiten. So gilt der Van noch als Pkw und kann mit dem normalen Autoführerschein gefahren werden.

TIPP: An einigen Stellen sind die Wände nicht komplett verkleidet. Die Zwischenräume ermöglichen es, die für einen Handwerkertransporter typischen Airline-Schienen weiter zu benutzen. Hier können ganz variabel iPad-Halter angebracht, Haken und Ösen eingeschraubt oder auch eine Lichterkette aufgehängt werden. Praktisch!

Alicia hat als Natur- und Wildnispädagogin eine besondere Beziehung zur Natur. Das freie Übernachten im Wald ohne Zelt gehört zu ihrer Ausbildung dazu, und sie campt auch jetzt noch gern nur mit Isomatte und Schlafsack draußen – Paul konnte sie dazu allerdings noch nicht überreden. Die Liebe zu Bäumen findet sich auch in ihrem Van-Ausbau wieder: Alicia und Paul nutzen sogenannte »Baumperlen« als naturbelassene Möbelgriffe. Wenn Bäume Wunden haben, entstehen an diesen Verletzungen durch nachwachsendes Gewebe Knubbel, die die Wunde verschließen. Wenn sie reif sind, kann man diese Baumperlen einfach abziehen. Die Nutzung als Möbelgriffe ist eine schöne Idee, um sich ein Stück Natur in den Van zu holen.

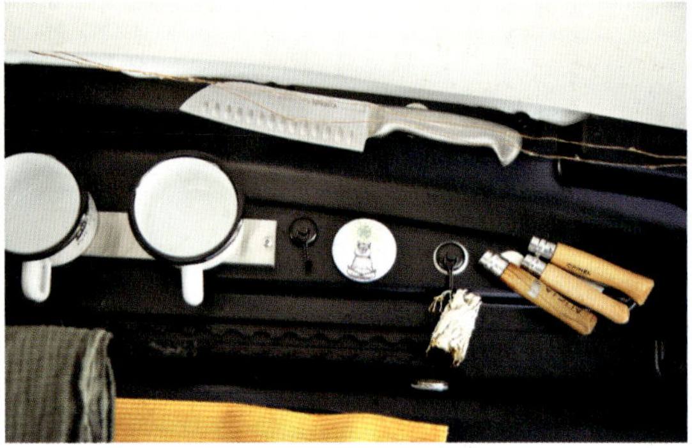

TIPP: Geschirr, Messer und Krimskrams sichern Paul und Alicia im Van mit Supermagneten. Diese haben sie auch direkt auf die Küchenarbeitsplatte geklebt, um Seifenschale und Emaille-Becher zu befestigen – da Emaille eine Stahlschicht besitzt, ist Geschirr aus diesem Material magnetisch.

Als Deko-Objekt und praktischen Ständer haben sie außerdem einen schönen Birkenstamm am Küchenblock angebracht. An etlichen Haken können sie hier Küchenutensilien aufhängen.

An der Seite des Küchenblocks haben die »Woodpackers« einen Tisch mit Klappkonsolen angebracht.

TIPP: Das Küchenfach haben sie mit Gummischnüren versehen. Auf diese Weise lässt sich z. B. die Espressokanne super verstauen, ohne dass eine Klappe am Möbelstück angebracht werden musste.

Ihr Bett haben die beiden von einer Langschläfervariante zum Ausziehen zu einem Querbett umgebaut. Ein Hochschrank an der Seite fiel bei diesem Umbau zwar weg, aber nun müssen sie das Bett nicht mehr aufwendig umbauen, was ihnen besser gefällt. Die Liegefläche beträgt 1,90 x 1,20 Meter. Am Bettkasten haben Alicia und Paul einen Ausziehtisch angebracht, an dem sie auf den gegenüberliegenden Sitzbänken gemütlich frühstücken können.

Für die »Woodpackers« ist ihr Van-Projekt ein »work in progress«. Nach jedem Urlaub haben sie neue Ideen für Verbesserungen und Veränderungen an ihrem Van, wie z. B. die Optimierung der Wasserversorgung und den Einbau eines zweiten Oberlichts. Roadtrips mit ihrer treuen Begleiterin Marta haben die drei schon quer durch Europa geführt – sie waren unter anderem bereits in Polen, Tschechien, Österreich, Italien, Kroatien und Frankreich unterwegs – und es gibt immer wieder neue Ecken mit dem Camper zu entdecken. Auch auf Van-Treffen findet man die Woodpackers öfter, dort lernen sie andere Vanlifer und ihre Camper kennen und holen sich Anregungen und Ideen für den Camper-Ausbau.

10 GEBOTE

VAN IT YOURSELF ** VAN IT YOURSELF ** DIY

Bierkistensitz

Two in one: Unser Bierkistensitz lässt sich als Sitzgelegenheit verwenden oder ohne Kissen als praktischer Tritt!

Es gibt unterschiedliche Bierkastengrößen – die Maße für den Holzdeckel richten sich daher nach dem Kasten, der aufgepimpt werden soll. Für unsere Variante liegt der Deckel in der Bierkiste auf den Flaschen auf. Beim Planen also auf den Abstand der Flaschen zum Deckel achten und die Dicke der Leisten und des Deckels dementsprechend anpassen.

DAS MATERIAL

Deckel:
Bierkasten
Holzbrett
4 Holzleisten
Forstnerbohrer, 3 cm
Holzschrauben und/oder Nägel
Säge
Bohrschrauber

Auflage:
Schaumstoff
Stoff
Nähutensilien: Garn,
Stecknadeln, Schere und
Lineal
Nähmaschine

Holzbrett (in unserem Fall zusammengesetzt aus drei Kiefernholzbrettern mit Nut und Feder) auf die passende Größe zurechtsägen – der Deckel muss in die Kiste passen. Mittig mit dem Forstnerbohrer ein Griffloch bohren. An der Unterseite passend zugesägte Holzleisten an den Rändern mit Nägeln oder Schrauben befestigen. Deckel schleifen, streichen oder lasieren.

Den Schaumstoff entsprechend der Innenmaße des Deckels zwischen den Leisten zuschneiden – das Kissen wird zwischen den vier Leisten platziert.

Stoff zurechtschneiden:
Breite: 2 x die Länge der kurzen Seite der Schaumstoffmatte + 2 x die Höhe der Matte + 1/3 der kurzen Seite + 2 cm Nahtzugabe
Höhe: 1 x die lange Seite + 2 x die Höhe der Matte
Die langen Seiten, die nicht gesäumt werden, mit einem Zickzackstich versäubern.

Die beiden kurzen Seiten zweimal ca. 0,5 cm einfalten und anschließend glattbügeln. Anschließend die Kante entlang des Umschlags auf der linken Stoffseite absteppen. Den Stoff mit der bedruckten Seite nach oben ausbreiten. Darauf das Kissen legen und den Stoff fest um die Schaumstoffmatte legen. Stoff an der Füllung feststecken.

Auf den beiden kurzen Seiten die Hälfte der Mattenhöhe mit einem Strich markieren. Dann die Stofflagen an der Stelle zusammenstecken, wo sich der Stoff überlappt. Die Füllung aus dem Stoff herausziehen und beide Stofflagen zusammenstecken. Markierungen zu einem Strich verbinden und entlang des Strichs nähen.

Um die Ecken anzupassen, die Kissenhöhe so umfalten, dass sie ein Dreieck ergibt. Die Spitze von dem entstandenen Dreieck zeigt parallel zu der Naht, die du eben genäht hast.

Unterhalb der Dreieckspitze die Höhe der Schaumstoffmatte markieren und entlang des Strichs nähen.

Zum Schluss die Schaumstoffmatte in die Hülle schieben und schon ist das Sitzkissen fertig!

CONTAINER TERMINAL ALTENWERDER

Teil. Zeitcamper

Marke:	**VW Crafter L3 H2, langer Radstand**
Baujahr:	**2017**
Kilometerstand:	**110.000 km**
Fahrzeugkosten:	**25.500 €**
Ausbaukosten:	**40.000 €**
Location:	**Kattwykstraße / Hamburg**

Beim DIY-Van der beiden »Teil.Zeitcamper« Marcel und Vero fällt gleich der edle, farbige Innenausbau auf. Die Kombination von blaugrauen Möbelfronten und Asteichenfurnier macht den Wagen zu einem echten Hingucker. Kein Wunder: Marcel ist gelernter Tischler und konnte beim Ausbau Maschinen und die Werkhalle der Tischlerei nutzen, in der er mittlerweile in einer anderen Tätigkeit arbeitet. Zum Kauf ihres gebrauchten VW Crafters sind sie extra von Hamburg bis nach Stuttgart gefahren – was tut man nicht alles für sein Traumauto! Der Wagen war von innen und außen in einem Topzustand und ist mit allen Schikanen wie Automatik, Tempomat und Schwingsitz ausgestattet.

Ungewöhnlich an ihrem Ausbau ist die großzügige, zwei Meter lange Küchenzeile auf der Fahrerseite, ausgestattet mit zwei Gaskochfeldern, Spüle und Kühlschrank. Schubladen und Unterschränke sowie ein Apothekerschrank zum Ausziehen bieten in ihrer mobilen Küche auf Reisen genauso viel Stauraum wie zu Hause.

Die beiden haben sich dagegen entschieden, den Küchenblock aufzuteilen und ein Element an der gegenüberliegenden Wagenseite zu platzieren. Ihre Küche sollte nicht in den Eingangsbereich hineinragen. Stattdessen haben sie dort eine lange Sitzbank untergebracht, was ihr offenes Raumkonzept unterstreicht. Die schicken Sitzpolster sind aus Kunstleder – übrigens das Einzige, was Marcel und Vero an ihrem Campervan nicht selbst gemacht haben!

Sogar den Kühlschrank haben die beiden passend zum Rest des Innenausbaus mit Holz verkleidet. Der gesamte Ausbau sowie die Deckenverkleidung sind aus leichtem Pappelsperrholz mit Furnier »Ast Eiche«. Nur die Wände sind mit hellem Filz verkleidet, was zusammen mit dem Holz und den graublauen Möbelfronten eine warme Farbkombination ergibt. Die Deckenleisten sind an der Unterseite ausgefräst. Dadurch haben sie immerhin acht Kilo Gewicht einsparen können. Der Versuch, durch weniger Gewicht noch eine Pkw-Zulassung zu bekommen, hat allerdings nicht funktioniert – das verbaute Holz war zwar nicht so schwer, aber die große Dachterrasse, ein 95-Liter-Wassertank und der insgesamt aufwendige Ausbau mit vielen Ober- und Unterschränken sorgten für einige zusätzliche Kilos. Vero muss daher noch einen Lkw-Führerschein machen, um das auf 3,88 Tonnen aufgelastete mobile Heim auch fahren zu können.

In der Sitzbank ist ihre Camping-Trockentoilette verborgen, mit praktischen Schubfächern für Klopapier und Toilettenstreu. In den Bänken ist auch sonst reichlich Stauraum, zum Beispiel für ihren Holztisch, der bei Bedarf am Bettaufbau angebracht werden kann.

Die Fahrerkabine und den Wohnbereich haben die beiden komplett durch eine Holzwand getrennt, in die eine Schiebetür eingebaut ist. So bleiben kalte oder warme Luft während der Fahrt im Fahrerbereich. Die Trennung dient aber auch der Geräuschdämmung: Der Crafter fährt sich dadurch viel leiser.

Die Tischplatte lässt sich an beiden Seiten herunterklappen, damit sie genau in die Sitzbank passt. Die ungewöhnliche Form ermöglicht, dass man von beiden Eckbänken aus am Tisch sitzen kann.

An der Außenseite der Sitzbank befindet sich eine praktische Schuhregalklappe, schick verziert mit ihrem eigenen »Teil.Zeitcamper«-Logo.

Die Bettplanung erwies sich als gar nicht so einfach: Vero und Marcel wollten zwar ein möglichst großes Längsbett, es sollte aber auch schnell aufbaubar und platzsparend sein. Mit einer Bettverlängerung, die über Schwerlastauszüge bewegt wird, lässt sich das Bett nun um ganze 50 cm nach vorn ausziehen. Zum Schlafen haben sie dadurch eine Liegefläche von luxuriösen 2 x 1,60 Metern. Die Rückenpolster der Bänke dienen als Matratzenteile.

Die beiden mussten die Erfahrung machen, dass ein VW Crafter zum Ausbauen nicht optimal geeignet ist: Die Decke fällt nach hinten ab und die Seitenwände werden nach oben schmaler. Für den Möbelbau wurden daher Pappschablonen für jedes Möbelstück erstellt. Um schon vor dem Autokauf den Innenausbau zu planen, haben Marcel und Vero sogar das komplette Wageninnere aus Pappe vorgebastelt und auf ihrem Dachboden aufgebaut, um ein Raumgefühl für ihren neuen Camper zu bekommen.

Neben der schicken Farbgebung fällt an Marcels und Veronikas Camper vor allem der »cleane« Style auf: Die blauen Möbelfronten werden nicht durch Griffe unterbrochen, stattdessen wurden Türen mit Push-to-open-Funktion verbaut. Außerdem ist im gesamten Innenausbau keine einzige Schraube sichtbar! Sogar an den Deckenpaneelen haben sich Marcel und Vero die Mühe gemacht, alle kleinen Nagellöcher mit Wachs zu verstopfen.

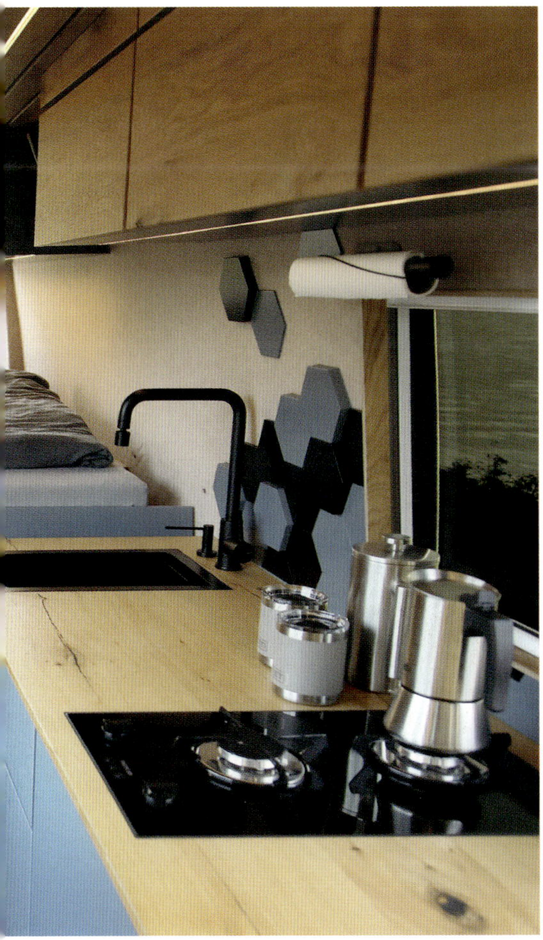

Die Dachterrasse der »Teil.Zeitcamper« ist ein Hammer! Marcel und Veronika haben das gesamte Wagendach – bis auf Ausschnitte für die Solaranlage und das Oberlicht – mit Terrassenbohlen aus Thermokiefernholz belegt. Und wie man sieht, sieht man nichts: Ihnen war wichtig, dass auch hier sämtliche Schrauben verborgen bleiben. Dafür haben die beiden keinen Aufwand gescheut: Veronika musste mit dem Metallbohrer genau 470 Löcher in den Edelstahl-Dachträger bohren. Dann wurden die Dielen von unten befestigt, die gesamte Konstruktion mit einem Deckenkran aufs Wagendach gehievt und montiert. Hier oben sitzen sie bei ihren Campingtrips regelmäßig zum Frühstückskaffee – aber es ist nicht nur ein Traumplatz am Morgen, sondern auch beim Sonnenuntergang im Hamburger Hafen.

Unten in der Trennwand zum Fahrerbereich haben die »Teil.Zeitcamper« ihre Minibar eingebaut – schick von innen beleuchtet und mit einfachen Gummischnüren zur Sicherung der Flaschen versehen.

Die Holzkacheln über der Küchenzeile sind besonders schick. Die Hexagone haben die beiden fertig gekauft und dann lackiert. Auf der gegenüberliegenden Wagenseite findet sich dieses Deko-Element wieder: Hier sind die Kacheln aus Spiegelglas, Kork und mit Kunstpflanzen geschmückt. Mit den Sechsecken lassen sich schöne auslaufende Muster gestalten.

Veronika und Marcel haben zwar noch einige Optimierungspläne, die beiden »Teil.Zeitcamper« sind mit ihrem mobilen Ferienheim aber mehr als glücklich. Und wer diesen Van mal live erleben möchte, trifft das Paar sicher mal auf einem Campervan-Treffen, auf dem sie mit ihrem Crafter unterwegs sind und wo sie ihren Ausbau gern zeigen.

VAN IT YOURSELF ** VAN IT YOURSELF ** DIY

Flaschenträger

Die klassische »Herrenhandtasche« – unsere Variante eines Flaschenträgers für vier Flaschen – wird aus alten Holz- oder Palettenresten zusammengebaut. In dem Träger ist das Bier (oder die Limo) während der Fahrt sicher verstaut. Natürlich kann man den Träger auch zu Hause nutzen oder eine Halterung zum Anhängen am Balkongeländer befestigen.

DAS MATERIAL

4 Holzbretter, z. B. einer alten Palette, Dicke ca. 2 cm

- Bodenbrett und Halterungsbrett: 2 Bretter 38 x 14 cm
- Seitenteile: 2 Bretter 33 x 9 cm

Lochsägeaufsatz, Durchmesser 75 mm

Bohrschrauber

Holzbohrer oder Forstnerbohrer, Durchmesser 1 cm (richtet sich nach Dicke des Seils)

Hanfseil, Durchmesser 1 cm

Handschleifgerät/Schleifpapier

4 Winkelverbinder

Holzschrauben

Die Bretter zurechtsägen, schleifen und – wenn nötig – lackieren, streichen oder lasieren. Mit dem Lochsägeaufsatz für den Bohrschrauber vier Löcher mittig im Abstand von 2 cm (auch zu den Bretträndern) in das Halterungsbrett bohren. Durchmesser 75 mm, da muss nachher eine Flasche durchpassen.

Die zwei Seitenteile oben mittig mit dem Holzbohrer (1 cm Durchmesser) durchbohren. Hier wird das Trageseil durchgefädelt.

Alle Teile mit passenden Winkeln und Holzschrauben verschrauben.

Trageseil durch die Löcher ziehen und an den Enden verknoten.

Und dann: ab mit dem Bier an den Strand!

Bibliografische Information der Deutschen Nationalbibliothek
Die Deutsche Nationalbibliothek verzeichnet diese Publikation in der Deutschen Nationalbibliografie; detaillierte bibliografische Daten sind im Internet über http://dnb.dnb.de abrufbar.

1. Auflage
ISBN 978-3-667-12662-7

Fotos: Ute Mans
Texte: Rafael Mans
Lektorat: Hanno Vienken
Umschlaggestaltung und Layout: Jörg Weusthoff, Weusthoff & Reiche Design, Hamburg
Lithografie: Mohn Media, Gütersloh
Gesamtherstellung: Couleurs Print & More, Köln
Printed in Slowenia 2023

Delius Klasing Verlag GmbH, Siekerwall 21, D - 33602 Bielefeld
Tel.: 0521/559-0, Fax: 0521/559-115
E-Mail: info@delius-klasing.de
www.delius-klasing.de